Remicon

레미콘 · 건축 · 토목공사의 품질관리를 위한

레미콘 품질관리(IV)

한 천 구 저

技文堂

머리말

건설미디어사에서 발행하는 월간지「레미콘 · 아스콘 · 골재」에서 한천구의 실무교실 제1회에서 50회까지를 모은「레미콘 품질관리(I)」, 제51회에서 100회까지를 모은「레미콘 품질관리(II)」, 제101회에서 150회까지를 모은「레미콘 품질관리(III)」에 이어 본 서에서는 제151회부터 200회까지를 모은 것으로「레미콘 품질관리(IV)」이다.

처음 집필을 시작할 때 내 나이는 46세로 혈기 넘치는 젊은 나이였던 것 같은데, 16년 4개월이 경과하여 이제는 62세로서 머리도 희어지고 지하철 경로석에 앉아도 누가 뭐라고 하지 않을 정도가 되었다. 특히 지난 2012년 8월에는 건설미디어사의 도움으로 180회까지 15년간을 한 권의 책으로 묶어 모음집을 발간할 수 있었는데, 마침 한 · 중 · 일 국제세미나(PICLS) 개최 및 본인의 회갑과도 어우러져 400여 명의 지인들이 모여 출판을 축하해줌으로써 일생에서 가장 잊지 못할 아름다운 추억이 되었음에 이 지면을 통해 다시 한 번 감사의 인사를 표하는 바이다.

인간은 무한정 살 수는 없는 법이므로 이제는 끝마무리를 생각해보지 않을 수 없음에, 201회 이후부터는 레미콘 품질관리와 연관하여 다루지 못한 부분을 찾아 충실히 보충해보도록 노력하겠는데, 역시 독자 여러분들의 지속적인 관심과 지도편달을 부탁하는 바이다.

끝으로 제1권~3권에 이어 제4권이 발간될 수 있도록 기회를 마련해준 (주)건설미디어사의 김종섭 발행인과 정혜진 국장 및 편집 담당자님의 도움에 감사하고, 청주대학교 건축재료 · 시공 연구실에서 원고정리에 애써준 한상윤, 김경훈, 강병회 군 등 여러 제자들에게 고맙게 생각하며, 기문당 강해작 사장님께도 감사의 마음을 전한다.

2014년 8월

우암산 기슭 연구실에서

한 천 구

차 례

Ⅲ 특수 콘크리트

IV 레미콘 품질관리

I 원재료

1. 콘크리트에 골재를 사용하는 이유
2. 골재의 분류 중 잔골재와 굵은골재
3. 산지 및 생산방식에 따른 골재의 종류 및 특성
4. 콘크리트용 골재에 요구되는 품질
5. 콘크리트용 골재의 표준입도
6. 모두에게 이익이 되는 셈 법(Ⅰ)
7. 모두에게 이익이 되는 셈 법(Ⅱ)
8. 4대강 준설토사의 콘크리트용 골재화 대책
9. 순환골재는 귀중한 자원

1. 콘크리트에 골재를 사용하는 이유

1. 서 언

콘크리트 표준시방서에 의하면 골재란 '모르타르 또는 콘크리트를 만들기 위하여 시멘트 및 물과 혼합하는 잔골재, 부순모래, 자갈, 부순 굵은골재, 바닷모래, 고로슬래그 잔골재, 고로슬래그 굵은골재, 기타 이와 비슷한 재료'로 용어가 정의되어 있다.

그렇다면 콘크리트에는 왜 골재를 사용하는 것일까? 그 이유가 분명하게 이해되어야만 본래 목적에 맞는 효율적인 활용과 아울러 효과의 극대화에도 기여할 수 있음에 이 단원에서는 골재의 사용목적에 대하여 기술해 본다.

2. 충전재(증량재, 재료의 비용절감)

당연한 것이겠지만, 콘크리트를 구성하는 재료 중 가격면에서 가장 고가인 것은 시멘트이다. 따라서 물시멘트비(W/C)이론에 의하면 동일한 W/C일 경우 강도는 같게 되는 이론이므로 일반적인 배합설계시에는 W/C가 동일한 조건에서 모래와 자갈의 값싼 재료를 가능한 한 많이 채워 넣어(충전재) 양을 늘려줌으로써(증량재) 경제적으로 이득을 취하려고 하는 것이 가장 기본적인 골재의 역할이다.

그러나 금상첨화(錦上添花)격으로 시멘트 모르타르나 콘크리트에 골재를 사용하면 시멘트 페이스트 단독의 경우보다 상당히 기술적인 장점도 생기는데, 이하에는 그 내용에 대하여 기술한다.

3. 품질향상재

1) 건조수축 저감 역할(안정재)

일반적으로 콘크리트는 레미콘제조 시 잉여수를 포함하게 되는데, 이중 모세관수가 건조작용으로 증발하면 생나무(生木)가 마를 경우 부피가 줄어드는 것처럼 수축하게 된다.

그러나 콘크리트 구성재료 중에 골재가 존재하면 이와 같은 골재간 결합력으로 시멘트 페이스트의 수축작용이 구속되어 건조수축은 감소되는데, 콘크리트는 굵은골재가 포함되지 않은 모르타르의 50~80 %, 모르타르는 시멘트 페이스트에 비해 20~30 %의 수축량을 나타내는 수축저감 효과를 발휘하게 된다. 역으로 말하면 콘크리트에 비해 모르타르는 2배, 모르타르에 비해 시멘트 페이스트는 4배, 콘크리트에 비해 시멘트 페이스트는 8배 정도 건조수축이 크다는 것임에 건조수축저감에 있어 골재의 역할은 매우 중요하다.

특히, 최근 우리나라 레미콘사의 배합설계에서 옛날의 배합설계보다 절대적으로 골재량이 부족하고, 또한 S/a를 크게 하여 굵은골재량을 적게 하는 것은 건조수축균열 발생에 얼마나 치명적인지 이해할 수 있을 것이다.

2) 마모저항성 향상 역할(내구재)

도로포장용 콘크리트와 같이 마모작용을 받는 부재에는 마모에 강한 경질골재를 사용해 주어야 함은 당연한 논리이다.

즉 마모작용의 경우, 최초에는 표면부에 위치한 모르타르 부분에서만 생기지만 모르타르가 마모된 후에는 굵은골재가 노출되는데, 결국 콘크리트의 마모저항성은 굵은골재의 내마모성에 크게 지배를 받는다.

3) 보강재 역할(고강도재)

골재의 '골'은 한문으로는 '骨'로서 인체의 구조에 비교하면 뼈에 속한다. 즉 인간이 힘이 세기 위해서는 근육도 튼튼해야 하지만 뼈도 튼튼해야 하는

데, 즉 시멘트 페이스트 조직파괴 및 골재와 페이스트의 부착파괴가 강도를 지배하는 보통 콘크리트 영역에서는 골재의 중요도가 어느 정도 반감되지만, 골재 자체가 파괴됨으로써 강도를 지배하는 경량콘크리트 혹은 초고강도콘크리트 영역에서는 골재의 자체강도가 매우 중요한데, 이러한 경우에 골재의 역할은 보강재의 역할을 수행하게 된다. 일례로 그림 1과 같이 강모래와 강자갈을 사용하는 경우는 W/C의 역수인 C/W와 비례하여 압축강도가 증진되지만, 강모래와 인공경량 굵은골재 및 인공경량 잔·굵은골재를 사용한 경우는 45 MPa까지는 비례하여 강모래·강자갈과 비슷하게 증가하다가 그 이후에는 골재파괴로 더 이상 크게 증가하지 않는다. 특히 강모래와 화산조약돌인 연질 굵은골재를 사용하는 경우는 더 작은 강도에서의 골재파괴로 더 낮은 강도값을 나타내고 있는데, 이와 같은 결과에서 골재의 강도가 커야만 콘크리트의 압축강도도 높아지는 보강재 역할이 중요하게 작용된다.

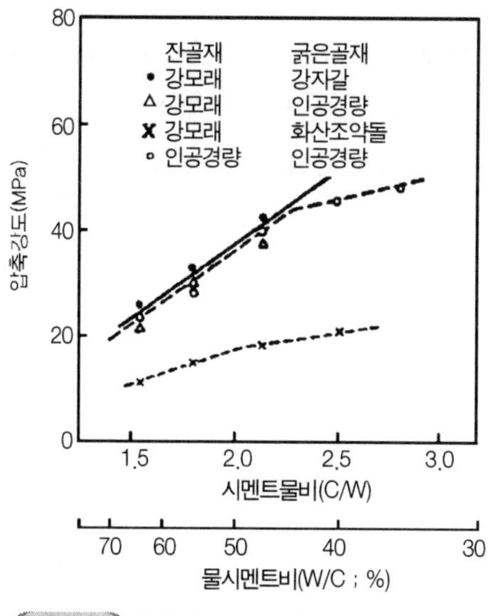

그림 1 압축강도와 물시멘트비와의 관계

4) 흙손 마감성 개선

시멘트 모르타르 등으로 표면을 마감할 경우 시멘트 페이스트만으로 되어 있는 경우는 큰 점착력으로 말미암아 손쉽게 마감되지 않는다.

이와 같은 점착력은 고체 부분의 표면적이 클수록 크게 되므로 모래와 같은 골재를 혼합해주면 유효표면적이 작아짐으로써 점착력이 작아져 흙손 마감성이 좋아진다. 물론, 골재가 지나치게 많아지는 경우도 마감성은 나빠지는데, 기능공에 따라 약간씩 다른 점은 있겠지만 대략 모르타르 배합비가 1 : 1~1 : 3일 때 흙손 마감성이 좋은 것으로 알려져 있다.

5) 밀도의 조정재

골재는 전 콘크리트용적에 70~80 %를 차지하기 때문에 경량콘크리트 및 중량콘크리트를 제조할 경우에는 골재의 밀도가 매우 중요한 역할을 담당한다.

즉 콘크리트를 가볍게 하기 위한 경량골재에 대하여 제Ⅲ권 Ⅲ-2~5를 참조하고, 콘크리트를 무겁게 하기 위한 중량골재는 적철광, 갈철광, 자철광, 능철광 등 철광석과 중정석(바라이트 : $BaSO_4$) 등을 이용하여 중량콘크리트를 제조하고 있다.

2. 골재의 분류 중 잔골재와 굵은골재

1. 서 언

앞 단원에서는 골재의 역할에 대하여 고찰해 보았다. 본 단원 이후 몇 번에서는 앞 단원에 이어 콘크리트용으로 이용되는 골재에 대한 분류 및 특성 등에 대하여 고찰해 보도록 하는데, 이 단원에서는 입자 크기에 따른 잔골재와 굵은골재에 대하여 기술한다.

2. 정의 및 특성

입자 크기에 의한 골재의 분류로는 표 1과 같다. 즉 용어상 의미로서 콘크리트 표준시방서의 경우 잔골재는 '① 10 mm체를 전부 통과하고, 5 mm체를 거의 다 통과하며, 0.08 mm체에 거의 다 남는 골재. ② 5 mm체를 통과하고, 0.08 mm체에 남는 골재'이고, 굵은골재는 '① 5 mm체에 거의 다 남는 골재. ② 5 mm체에 다 남는 골재'로 정의하고 있다. 여기서 잔 · 굵은골재의 입자 크기를 5 mm로 구분하는 것에 대해서는 특별한 이론적 근거는 없고, 단순히 이제까지 그렇게 해왔던 통념에 의해 5 mm로 정해진 것이다.

표 1 입자 크기에 의한 골재 분류

구 분	내 용	비 고
잔골재	5 mm 이하인 골재	모래
굵은골재	5 mm 이상인 골재	자갈

또한, 실무에서는 잔골재에도 5 mm 이상의 입자가 일부 있을 수 있고, 굵은골재에도 5 mm 이하의 입자가 일부 있을 수 있으므로 '거의 다'라는 표현을 쓰고 있는데, 시방서 해설에는 '거의 다'라는 의미에 대하여 85% 이상으로 설명하고 있다.

따라서 용어정의 중 ①과 ②로 나누어 2개가 정의되고 있는데, ①의 경우는 '자연 상태 또는 가공 후의 모든 골재'에 적용되는 것이고, ②의 경우는 '시방배합을 정할 때' 적용되는 것이다. 즉 콘크리트 배합설계 시 현장배합을 정할 때 시방배합에서 얻어진 결과에 현장의 골재 중에서 잔골재의 경우는 잔골재에 포함된 5 mm 이상의 굵은입자를 빼고, 굵은골재에 포함된 5 mm 이하의 잔입자는 보태며, 굵은골재의 경우는 굵은골재에 포함된 5 mm 이하의 잔 입자를 빼고, 잔골재에 포함된 5 mm 이상의 굵은 입자를 보태는 입도 보정을 실시하고 있는데, 그것은 이와 같은 정의에 근거함을 이해할 수 있을 것이다.

또한, 일반적인 표현으로 모래, 자갈이라는 말이 일반인들에게는 더욱 익숙해져 있는데, 이는 관용어로서 이해하도록 하고, 공학적 측면에서는 표준적인 용어로서 '잔골재', '굵은골재'를 통일적으로 사용하여야 할 것이다. 즉 예전의 경우 KS F 2527에 「콘크리트용 부순돌」, KS F 2558 「콘크리트용 부순모래」였던 것이 현재에는 KS F 2527에 「콘크리트용 부순골재」로 하여 그 안에 「콘크리트용 부순 굵은골재」, 「콘크리트용 부순 잔골재」로 정의되고 있음도 그 때문이다.

3. 잔 · 굵은골재로 분류해서 활용하는 이유

옛날 일이기는 하지만, 모 레미콘 사장님이 필자에게 전화로 문의해와 대답을 해주었던 일이 생각난다. 즉 레미콘 생산 시 어차피 잔 · 굵은골재가 혼합되어서 레미콘으로 생산되는데, 무엇 때문에 잔골재와 굵은골재를 나누어 생산하고 운반, 저장, 계량 등 관리하는가? 혼합된 상태에서 골재를 운반하게 되면 생산, 운반, 저장효율 등 모든 면에서 유리하지 않겠는가 하는 것이었다.

이런 경우 대답으로는 "레미콘 품질 향상을 목적으로 잔·굵은골재를 분류한다."라고 답하였다. 즉 콘크리트 제조용으로 잔·굵은골재가 혼합된 골재의 경우는 굵고 가는 입자가 연속적으로 분포되어 최밀 충전되어질 때 가장 이상적인데, 자연상태에서 잔·굵은골재가 혼합되어 있는 경우는 재료분리에 의한 불균질한 분포로서 배합설계된 연속입도의 입도분포를 나타내기가 곤란해진다. 따라서 잔골재와 굵은골재로 나누어 생산, 운반, 저장으로 관리되었다가 KS F 4009의 레미콘 종류에 맞추어 수요자의 요구에 따라 잔·굵은골재를 일정량 혼합하여 레미콘을 생산함으로써 최상의 품질을 성취하게 되는 것이다.

특히, 댐과 같은 매스콘크리트에 굵은골재의 최대치수 100 mm 정도인 굵은골재를 사용할 경우에는 굵은골재도 몇 단계 이상으로 입도를 나누어 혼합하고, 정밀한 연구실험의 경우에는 20 mm 골재의 경우도 5~13 mm와 13~20 mm로 나누어 {일본에서는 小砂利(고자리), 大砂利(오자리)} 실험하기도 하며, 특별한 경우는 잔골재도 0~0.15 mm, 0.15~0.3 mm, 0.3~0.6 mm, 0.6~1.2 mm, 1.2~2.5 mm, 2.5~5 mm로 나누어 입도별로 계량, 재혼합하여 실험하기도 하는데, 이는 골재입도 편차에 의한 오차를 줄임으로써 실험의 정밀도를 높이기 위함이다.

따라서 우리나라 레미콘 생산 시에는 이와 같은 입도 구분관리의 의미 및 중요성을 충실히 이해하고 골재저장 Hooper의 경우는 골재간 서로 섞이지 않도록 칸막이를 철저히 하고, 또한 산지가 달라 입도가 다른 골재는 철저히 구분하여 저장 및 활용해야 하는데, 골재 저장 시에도 재료분리가 일어나지 않도록 유의해야 한다.

특히 잘못 활용된 사례로, 모 영세 레미콘사를 방문한 적이 있는데, 혼합

잔골재를 활용한다는 미명하에 하나의 골재 호퍼에 한 번은 왕사를 페이로더로 한 버킷, 또 한 번은 산지가 다른 미사를 페이로더로 한 버킷씩 넣어주면서 레미콘을 생산하는 경우를 본 적이 있는데, 이와 같은 방식의 골재 혼합 활용은 레미콘 품질관리가 불가능한 상황이므로 절대로 해서는 안 될 일이다.

(a) 잔골재

(b) 굵은골재

사진 1 콘크리트용 잔 · 굵은골재

3. 산지 및 생산방식에 따른 골재의 종류 및 특성

1. 서 언

전 단원에서는 콘크리트용 골재의 분류 및 특성 중에서 입자 크기에 따른 잔골재와 굵은골재에 대하여 고찰해 보았다. 이 단원에서는 전 단원에 이어 산지 및 생산방식에 따른 골재의 종류와 특성에 대하여 기술한다.

2. 골재의 분류

골재의 분류로는 전 단원의 입자 크기에 따른 잔골재, 굵은골재 외에도 산지(産地)에 따라 강, 육지, 산, 바다, 빙하, 화산 등의 골재가 있고, 생산가공에 따라 노천채취(채집), 분쇄, 체가름 선별, 혼합, 산업부산물 이용 등의 골재가 있는 데, 산업부산물 이용 골재는 다시 제조되는 광물에 따라 동, 철(고로 ; 제선, 전기로산화 ; 제강), 연, 페로니켈 등이 있다. 또한 골재는 용도에 따라 구조용(콘크리트용), 절연콘크리트용, 미장용, 도로용, 프리캐스트 콘크리트용 등이 있고, 골재의 단위용적 질량에 따라 중량골재, 경량골재, 초경량골재 등이 있으며, 재사용 여부에 따라 원골재와 순환골재(건설물 해체과정에서 발생하는 폐콘크리트를 골재화한 것으로서 종전에는 재생골재라 하였음)가 있는 데, 이와 같은 많은 골재는 품질의 변동이 크고, 경우에 따라서는 불량한 것이 유통될 수도 있으므로 국가에서는 KS규격으로 그 품질을 정하고 있다.

3. KS규격의 변천 및 발전방향

콘크리트용 골재가 KS규격에 규정화된 것은 레미콘이 우리나라에 최초로 보급된 그 이듬해인 1966년 7월 12일로서, KS F 2526에 「콘크리트용 골재」로 제정되게 되었다. 그 이후 콘크리트에 이용되는 골재로는 표 1과 같이 다양한 골재가 제정 · 개정 · 폐지 등 변천을 가져오며 발전하고 있다.

표 1 골재 관련 KS규격의 변천

연도	규격	규격명	비고
1966.7.12	KS F 2526	콘크리트용 골재	
1967.7.14	KS F 2527	콘크리트용 부순골재	최초는 부순돌
1971.6.30	KS F 2534	구조용 경량골재	
1981.12.11	KS F 2544	콘크리트용 고로슬래그골재	최초는 굵은골재
1983.12.17	KS F 2558	콘크리트용 부순모래	1997.4.1(폐지) → KS F 2527
1983.12.17	KS F 2559	콘크리트용 고로슬래그잔골재	1997.4.1(폐지) → KS F 2544
1999.5.6	KS F 2573	콘크리트용 순환골재	최초는 재생골재
2000.11.28	KS F 2543	콘크리트용 동슬래그골재	
2002.10.21	KS F 2583	콘크리트용 연슬래그골재	
2007.7.31	KS F 4571	콘크리트용 전기로산화슬래그 골재	
2009.10.30	KS F 2790	콘크리트용 페로니켈 슬래그 잔골재	

그런데 KS규격상 골재는 필요에 따라 그때그때 규격을 제정 및 개정을 하다 보니 번호순서의 정렬도 원활하지 못하고, 품질 규정 간에도 모순이 있으며, 명칭에도 문제점이 제기되고, 차후발전 및 전개에도 곤란함이 존재하는 등 어려움이 존재하고 있다. 즉 KS F 2526의 「콘크리트용 골재」는 1967년도 이후 제정된 모든 골재가 콘크리트용 골재인 점을 감안하면 「콘크리트용 천연골재」 등으로 개정하는 것이 타당하겠지만 필자의 소견으로는 많은 골재 종류를 이곳 저곳에 나열식으로 규정하기 보다는 KS F 2526 콘크리트용 골재 속에 통합하여 모든 골재를 하나로 묶어서 품질을 규정한다면 오히려 한 번의 KS규격 개정 시 상호간의 연관성도 살리고, 체계도 잘 정리되지 않을까 하는 생각도 해 본다.

4. 골재 종류별 특성

앞의 콘크리트용 골재 분류에 대하여 각각 적용해야 할 품질규격 및 주의점으로서 각 골재의 특성을 기술하면 표 2와 같다.

표 2 골재 종류별 품질규격 및 주의점

종 류		품질규격	주의점
강골재	모래	KS F 2526	· 강 하구의 골재는 염분함유량 · 균일 입자성 분포
	자갈		
육지골재	육지모래	상동	· 상동에 유의 · 점토함유량 · 유기불순물
	육지자갈		
산골재	산모래	상동	· 점토함유량 · 풍화가 진행된 입자
바다골재	바닷모래	상동	· 염분, 조개껍질 함유량 · 균일 입자성 분포
부순골재	부순 잔골재	KS F 2527	· 미립분 함유량 · 골재의 입형
	부순 굵은골재		
슬래그골재	동슬래그	KS F 2543	· 골재의 침하 등 재료분리 · 콘크리트의 블리딩량
	고로슬래그	KS F 2544	· 골재의 입형 · 흡수율
	연(납)슬래그	KS F 2583	· 골재의 침하 등 재료분리 · 콘크리트의 블리딩량
	페로니켈슬래그	KS F 2790	· 알칼리골재반응 · 고온고압양생제품 제조시 팝아웃
	전기로산화슬래그	KS F 4571	· 팽창성, 알칼리골재반응 · 골재의 침하 등 재료분리 · 서냉슬래그는 입형
순환골재	잔골재	KS F 2573	· 밀도, 흡수율, 마모 등 모재 품질 · 미립분 · 이물질 함유량 및 기타
	굵은골재		
경량골재	잔골재	KS F 2534	· 골재의 밀도
	굵은골재		
혼합골재	잔골재	KS F 2526 기타 혼합 재료에 따름	· 혼합 전 골재의 유의점 · 혼합 정밀도
	굵은골재		

이중, 각 골재별 세부적인 품질규정 사항은 해당 골재의 KS규격을 참조하면 이해할 수 있지만 “주의점”으로 기술한 부분은 품질결함이 자칫하면 발생할 수 있음에 그 점에 특히 유의할 필요가 있다. 단, 최근의 경우 양호한 콘크리트용 골재는 대부분 고갈되어 하나의 골재만으로 접근하기에는 품질상 곤란한 경우도 있는데(특히 4대강 준설토사 등) 이 경우는 서로 다른 품질 특성의 2종 이상 골재를 혼합함으로써 가능해질 수도 있다. 따라서 현재 혼합골재는 KS F 2526에 입도 보정 차원에서 일부 가능성을 규정하고 있지만 부족한 점이 많아 새로운 KS규격으로 제정하는 것이 바람직하여 규격 제정을 시도하고 있는 것으로 알고 있는 데, 이와 같은 혼합골재가 규격화되면 우리나라 레미콘의 품질 향상에 중요한 전환점이 될 수 있음에 기대되는 바가 매우 크다.

4. 콘크리트용 골재에 요구되는 품질

1. 서 언

전 단원에서는 골재의 분류에서 산지 및 생산방식에 따른 골재의 종류 및 특성을 고찰해 보았다. 이 단원에서는 전 단원에 이어 골재에 요구되는 물리적 성질 및 유해물질 함유량 등 요구되는 품질에 대하여 기술한다.

2. 골재 선정에 요구되는 품질

일반적으로 콘크리트에 이용하기 위한 골재의 품질은 다양한 사항이 있다. 이중 일반적으로 요구되는 골재의 성질은 표 1과 같다.

표 1 콘크리트용 골재에 요구되는 일반적인 성질

① 골재의 강도는 단단하고 강한 것으로서 시멘트풀이 경화하였을 때 시멘트풀의 최대강도 이상
② 골재의 표면은 거칠고, 모양은 구형에 가까울 것
③ 골재는 잔 것과 굵은 것이 골고루 혼합될 것
④ 골재는 유해량 이상의 염분, 진흙이나 유기불순물 등의 유해물이 포함되지 않을 것
⑤ 운모가 다량으로 함유되지 않을 것
⑥ 골재는 마모에 견딜 수 있고, 화재에 견딜 수 있는 성질을 갖출 것
⑦ 산업부산물을 이용한 골재는 화학적으로 안정될 것

또한, 산지 및 생산방식에 따른 세부적인 각종 골재에 대하여 입도뿐만 아니라 각종 품질사항이 규정되어 있는 데 그 사항을 종합하여 정리하면 표 2와 같다.

표 2 골재 관련 KS규격의 품질규정

구분		KS F 2526 콘크리트용 골재		KS F 2527 콘크리트용 부순골재		콘크리트용 슬래그 골재							
						KS F 2544 (고로)			KS F 4571 (전기로 산화)		KS F 2543 (동)	KS F 2583 (연)	KS F 2790 (페로니켈)
		잔골재	굵은골재	잔골재	굵은골재	잔골재	굵은골재[7]		잔골재		잔골재	잔골재	잔골재
							A	B	N	H			
물리적 성질	절건밀도 (g/cm³)	2.50	2.50	2.50	2.50	2.5	2.2	2.4	3.1 이상 4.0 미만	4.0 이상 4.5 미만	3.2	3.2	2.7
	흡수율(%)	3.0	3.0	3.0	3.0	3.5	6.0	4.0	2.0		2.0	2.0	3.0
	안정성(%)[1]	10	12	10	12								
	마모율(%)[2]		40		40								
유해 물질 함유량 (%)	점토 덩어리[3]	1.0	0.25										
	연한 석편		5.0										
	0.08 mm체 통과량[4]	3.0 5.0	1.0 1.0	7.0	1.0								
	석탄 및 갈탄[5]	0.5 1.0	0.5 1.0										
	유기이물질												
	무기이물질												
	염화물 (NaCl)[6]	0.04									0.03	0.03	
	강열감량												
	알칼리 골재반응			A, B	A, B						A, B		
입형판정 실적률				53	55								
단위용적질량 (kg/ l)						1.45	1.25	1.35	1.8	2.2	1.80	1.70	1.5
화학 성분	산화칼슘 (CaO)					45.0	45.0		40.0		12.0	20.0	5.0
	황(S)					2.0	2.0				2.0	2.0	0.5
	삼산화황 (SO_3)					0.5	0.5				0.5	0.5	
	철(Fe_2O_3)					3.0	3.0		50.0		70.0	60.0	13.0

(표 계속)

구분		KS F 2573 콘크리용 순환골재		KS F 2534 구조용 경량골재			비고
				인공 · 천연 경량골재		버텀애시 경량골재	
		잔골재	굵은골재	잔골재	굵은골재	잔골재	
물리적 성질	절건밀도(g/cm^3)	2.2	2.5				이상
	흡수율(%)	5	3				이하
	안정성(%)[1]	10	12			10	이하
	마모율(%)[2]		40				이하
유해 물질 함유량 (%)	점토 덩어리[3]	1.0	0.2	2.0	2.0	2.0	이하
	연한 석편						이하
	0.08 mm체 통과량[4]	7.0	1.0			5.0	이하
	석탄 및 갈탄[5]						이하
	유기이물질	1.0(용적)					
	무기이물질	1.0(질량)					
	염화물 (NaCl)[6]					0.025	이하
	강열감량			5	5	5	이하
	알칼리 골재반응						
입형판정 실적률		53	55				이상
단위용적질량 (kg/ l)				1.12 이하	0.88 이하	1.20 이하	이상
화학 성분	산화칼슘(CaO)						이하
	황(S)						이하
	삼산화황(SO_3)					0.8	이하
	철(Fe_2O_3)						이하

주 : 1) 황산나트륨으로 5회 시험을 하며, 손실량은 입도로 규정한 각 시료별 합산값을 말한다.

2) 마모율은 콘크리트에 사용된 입도에 따라 측정한다. 하나 이상의 입도를 사용할 경우에 마모율의 허용값은 각 입도에 적용한다.

3) 점토덩어리와 석편의 합이 5%를 넘으면 안 된다.

4) 상부의 숫자는 콘크리트 표면이 마모를 받는 경우이고, 하부는 그 밖의 부분이다.

5) 상부의 숫자는 콘크리트 표면이 중요한 부분이고, 하부는 그 밖의 부분이다.

6) 무근 콘크리트에 사용할 경우에는 적용하지 않는다.

7) 고로슬래그 굵은골재의 경우 수중침지시험에서 균열, 분해, 니상화, 분화 등의 현상이 없어야 하며, 자외선(360.00 nm) 조사시험에서 발광하지 않고, 균일한 자색을 띄고 있어야 한다.

표 2에는 각 골재별 생산방식에 따라 요구되는 품질항목들을 선별적으로 규정하고 있는 데, 경량골재를 제외한 나머지 경우는 절건 밀도, 흡수율 등 암질에 속하는 물리적인 성질을 규정하고 있고, 천연에서 산출되는 콘크리트용 골재 및 인공적인 부순골재, 순환골재 등 불순물이 포함될 수 있는 경우는 유해물질 함유량을 규정하고 있다. 부순골재, 재생골재와 같이 원석을 분쇄하여 제조하는 경우는 입자 모양에 관한 입형판정 실적률을 규정하고 있고, 고로, 전기로산화, 동, 연, 페로니켈 슬래그와 같은 산업부산물 골재인 경우는 콘크리트 중 팽창반응성 등과 연관지어 화학성분을 규정하고 있는 것이 특징이라 할 수 있다.

단, 이때 전기로산화 슬래그의 경우는 절건밀도의 경우 최소 및 최대값을 정하고 있어 예외이지만, 동슬래그 및 연슬래그골재는 골재 중 철분을 많이 함유하고 있어 밀도가 매우 크기 때문에 콘크리트에 이용할 경우 골재의 침하 등 재료분리가 발생할 수 있다. 그러므로 밀도가 너무 높아지지 않도록 최대값을 정하는 것이 바람직할 수 있는 데, 우리나라 KS규격에서는 3.2 g/cm^3 이상으로 최소값만을 정하고 있음에 이는 재고되어야 할 사항이다.

3. 골재의 요구품질특성 상호관계

그림 1은 앞에서 기술한 골재의 품질규정을 재차 품질특성 상호관계로 정리한 것이다. 즉 콘크리트용 골재를 개발 혹은 선정할 때에는 밀도, 흡수율 등 암질에 관한 것은 고유의 성질에 관한 것으로 개선이 불가능한 것이므로 최초부터 잘 확인하고 접근해야 하고, 입형, 입도 및 연한 석편, 점토함유량 등 생산에 관한 것은 개선이 가능한 것이므로 생산설비의 정비 및 보충 등으로 품질 향상을 위하여 노력해야 한다. 또한 함수율, 표면수율 등 물과 관련하여 저장에 관한 것은 수시로 변할 수 있는 것이므로 레미콘 제조시에는 수시로 혹은 실시간 체크하여 품질의 결함을 방지하는 관리가 중요시 되는 사항이다.

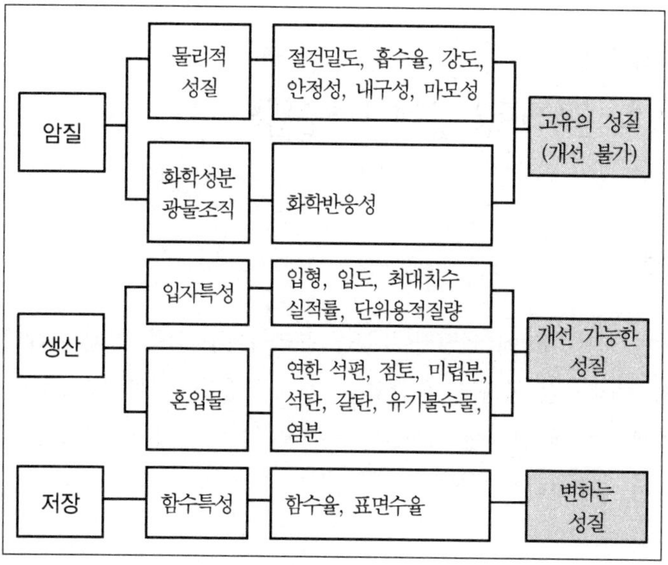

그림 1 골재의 품질특성 상호관계

5. 콘크리트용 골재의 표준입도

1. 서 언

전 단원에서는 KS에 규정되어 있는 콘크리트용 각종 골재에 대하여 물리적 성질, 유해물질 함유량, 화학성분 등 요구품질에 대하여 고찰해 보았다. 이 단원에서는 전 단원에 이어 콘크리트용 각종 골재에 요구되는 표준입도에 대하여 기술한다.

2. 골재의 표준입도

콘크리트용으로 양호한 품질을 발휘하기 위한 골재의 조건으로는 전 단원에서 기술한 물리적 성질, 유해물질함유량, 화학성분, 단위용적질량, 입자모양 외에도 크고 작은 골재입자의 분포 정도도 매우 중요하다. 골재입자분포는 그림 1과 같이 균일입자분포, 연속입자분포 및 불연속입자분포가 있다.

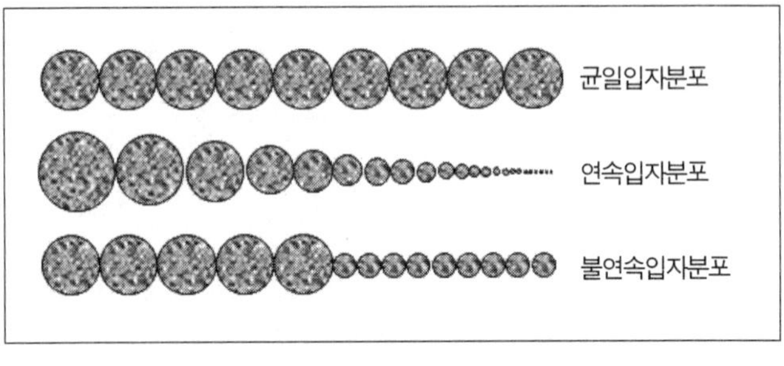

그림 1 골재의 입자분포

이중 골재의 입자분포는 균일입자분포일 때 워커빌리티 및 강도면으로 가장 나쁘고, 불연속입자분포일 때 강도면으로는 문제가 없을지라도 재료분리가 쉽게 되어 워커빌리티면에서 불리하며 {단, 프리플레이스트 콘크리트(종전의 프리팩트콘크리트)는 굵은입자의 골재를 먼저 채우고 잔입자인 모래와 시멘트를 모르타르 상태로 그라우트시키는 수중콘크리트 등의 공법으로 불연속을 역으로 이용하는 공법임}, 연속입도분포는 워커빌리티 및 강도면으로 유리하여 각종 콘크리트용 골재는 표 1과 같이 표준입도를 정하여 그 범위를 규정하고 있다. 골재의 입자분포와 관련한 체가름곡선, 조립률, 굵은골재 최대치수 등에 관하여는 제Ⅰ권 Ⅰ-3을 참조한다.

3. 각종 골재의 표준입도 규정 특성

표 1의 콘크리트용 각종 골재의 표준입도 규정에서는 본 서 Ⅰ-3의 표 1과 같이 시대의 변천에 따라 각종 골재가 KS에 표준으로 규정화됨에 따라 그 때그때의 입도 규정도 차이나게 정해졌다. 물론 생산되는 골재에 따라 특성을 반영한 것이겠지만, 이상적인 입도에 골재 품질을 맞추기 보다는 생산되는 골재가 KS에 불합격되지 않도록 임기응변적으로 입도를 정한 느낌이 드는 곳도 존재하므로 차기 KS규격 개정 시에는 이 부분에 대하여 재검토할 필요가 있다.

표 1 골재의 표준입도

<table>
<tr><th rowspan="2">종류</th><th rowspan="2">골재 번호[1)]</th><th rowspan="2">체의 크기 (mm)</th><th colspan="12">각 체의 통과량 백분율(%)</th></tr>
<tr><th>100</th><th>90</th><th>75</th><th>65</th><th>50</th><th>40</th><th>25</th><th>20</th><th>15</th><th>10</th><th>5</th><th>2.5</th></tr>
<tr><td rowspan="19">굵은 골재</td><td>1</td><td>90~40</td><td>100</td><td>90~100</td><td>-</td><td>25~60</td><td>-</td><td>0~15</td><td>-</td><td>0~5</td><td>-</td><td>-</td><td>-</td><td>-</td></tr>
<tr><td>2</td><td>65~40</td><td>-</td><td>-</td><td>100</td><td>90~100</td><td>35~70</td><td>0~15</td><td>-</td><td>0~5</td><td>-</td><td>-</td><td>-</td><td>-</td></tr>
<tr><td>3</td><td>50~25</td><td>-</td><td>-</td><td>-</td><td>100</td><td>90~100</td><td>35~70</td><td>0~15</td><td>-</td><td>0~5</td><td>-</td><td>-</td><td>-</td></tr>
<tr><td>357</td><td>50~5</td><td>-</td><td>-</td><td>-</td><td>100</td><td>95~100</td><td>-</td><td>35~70</td><td>-</td><td>10~30</td><td>-</td><td>0~5</td><td>-</td></tr>
<tr><td>4</td><td>40~20</td><td>-</td><td>-</td><td>-</td><td>-</td><td>100</td><td>90~100</td><td>20~55</td><td>0~15</td><td>-</td><td>0~5</td><td>-</td><td>-</td></tr>
<tr><td>467</td><td>40~5</td><td>-</td><td>-</td><td>-</td><td>-</td><td>100</td><td>95~100</td><td>-</td><td>35~70</td><td>-</td><td>10~30</td><td>0~5</td><td>-</td></tr>
<tr><td>5</td><td>25~15</td><td>-</td><td>-</td><td>-</td><td>-</td><td>-</td><td>100</td><td>90~100</td><td>20~55</td><td>0~10</td><td>0~5</td><td>-</td><td>-</td></tr>
<tr><td rowspan="2">57</td><td rowspan="2">25~5</td><td rowspan="2">-</td><td rowspan="2">-</td><td rowspan="2">-</td><td rowspan="2">-</td><td rowspan="2">-</td><td rowspan="2">100</td><td rowspan="2">95~100</td><td rowspan="2">-</td><td>25~60</td><td rowspan="2">-</td><td rowspan="2">0~10</td><td>0~5</td></tr>
<tr><td>30~70</td><td>-</td></tr>
<tr><td>6</td><td>20~15</td><td>-</td><td>-</td><td>-</td><td>-</td><td>-</td><td>-</td><td>100</td><td>90~100</td><td>-</td><td>0~10</td><td>0~5</td><td>-</td></tr>
<tr><td rowspan="2">67</td><td rowspan="2">20~5</td><td rowspan="2">-</td><td rowspan="2">-</td><td rowspan="2">-</td><td rowspan="2">-</td><td rowspan="2">-</td><td rowspan="2">-</td><td rowspan="2">100</td><td rowspan="2">90~100</td><td rowspan="2">-</td><td>20~55</td><td>0~10</td><td>0~5</td></tr>
<tr><td>10~50</td><td>0~15</td><td>-</td></tr>
<tr><td rowspan="2">7</td><td rowspan="2">15~5</td><td rowspan="2">-</td><td rowspan="2">-</td><td rowspan="2">-</td><td rowspan="2">-</td><td rowspan="2">-</td><td rowspan="2">-</td><td rowspan="2">-</td><td rowspan="2">100</td><td rowspan="2">90~100</td><td>40~70</td><td>0~15</td><td>0~5</td></tr>
<tr><td>40~80</td><td>0~20</td><td>0~10</td></tr>
<tr><td>78</td><td>15~1.2</td><td>-</td><td>-</td><td>-</td><td>-</td><td>-</td><td>-</td><td>-</td><td>100</td><td>90~100</td><td>40~75</td><td>5~25</td><td>0~10</td></tr>
<tr><td rowspan="2">8</td><td rowspan="2">10~2.5</td><td rowspan="2">-</td><td rowspan="2">-</td><td rowspan="2">-</td><td rowspan="2">-</td><td rowspan="2">-</td><td rowspan="2">-</td><td rowspan="2">-</td><td rowspan="2">-</td><td rowspan="2">100</td><td>85~100</td><td>10~30</td><td>0~10</td></tr>
<tr><td>80~100</td><td>5~40</td><td>0~20</td></tr>
<tr><td colspan="2" rowspan="3">잔골재</td><td rowspan="2">10~0.15</td><td rowspan="2">-</td><td rowspan="2">-</td><td rowspan="2">-</td><td rowspan="2">-</td><td rowspan="2">-</td><td rowspan="2">-</td><td rowspan="2">-</td><td rowspan="2">-</td><td rowspan="2">-</td><td rowspan="2">100</td><td>95~100</td><td rowspan="2">80~100</td></tr>
<tr><td>90~100</td></tr>
<tr><td>5~0</td><td>-</td><td>-</td><td>-</td><td>-</td><td>-</td><td>-</td><td>-</td><td>-</td><td>-</td><td>100</td><td>85~100</td><td>-</td></tr>
<tr><td colspan="2" rowspan="5">슬래그 잔골재</td><td>5</td><td>-</td><td>-</td><td>-</td><td>-</td><td>-</td><td>-</td><td>-</td><td>-</td><td>-</td><td>100</td><td>90~100</td><td>80~100</td></tr>
<tr><td>2.5</td><td>-</td><td>-</td><td>-</td><td>-</td><td>-</td><td>-</td><td>-</td><td>-</td><td>-</td><td>100</td><td>90~100</td><td>85~100</td></tr>
<tr><td>1.2</td><td>-</td><td>-</td><td>-</td><td>-</td><td>-</td><td>-</td><td>-</td><td>-</td><td>-</td><td>-</td><td>100</td><td>95~100</td></tr>
<tr><td rowspan="2">5~0.3</td><td rowspan="2">-</td><td rowspan="2">-</td><td rowspan="2">-</td><td rowspan="2">-</td><td rowspan="2">-</td><td rowspan="2">-</td><td rowspan="2">-</td><td rowspan="2">-</td><td rowspan="2">-</td><td rowspan="2">100</td><td rowspan="2">95~100</td><td>65~100</td></tr>
<tr><td>45~100</td></tr>
</table>

(표 계속)

종류	골재 번호[1)]	체의 크기 (mm)	각 체의 통과량 백분율(%)				적용 골재의 분석2)									
			1.2	0.6	0.3	0.15	천연	부순	슬래그					경량	버텀애시	순환
									고로	전기로	동	연	페로니켈			
굵은 골재	1	90~40	-	-	-	-	○	○	×	×	×	×	×	×	×	×
	2	65~40	-	-	-	-	○	○	×	×	×	×	×	×	×	×
	3	50~25	-	-	-	-	○	○	×	×	×	×	×	×	×	×
	357	50~5	-	-	-	-	○	○	×	×	×	×	×	×	×	×
	4	40~20	-	-	-	-	○	○	○	○	×	×	×	×	×	×
	467	40~5	-	-	-	-	○	○	○	×	×	×	×	×	×	×
	5	25~15	-	-	-	-	×	×	×	×	×	×	×	×	○	×
	57	25~5	-	-	-	-	○	○	●	×	×	×	×	◐	×	○
	6	20~15	-	-	-	-	×	×	×	○	×	×	×	×	×	×
	67	20~5	-	-	-	-	○	○	◐	◐	×	×	×	●	×	○
	7	15~5	-	-	-	-	○	○	◐	◐	×	×	×	●	○	×
	78	15~1.2	0~5	-	-	-	×	○	×	×	×	×	×	×	×	×
	8	10~2.5	0~5 0~10	-	-	-	○	○	×	×	×	×	×	●	×	×
잔골재		10~0.15	50~85 50~90	25~60 25~65	10~30 10~35	2~10 2~15	○	●	×	×	×	×	×	×	●	●
		5~0	40~80		10~35	5~25	×	×	×	×	×	×	×	○	×	×
슬래그 잔골재		5	50~90	25~65	10~35	2~15	×	×	○	○	○	○	○	×	×	×
		2.5	60~95	30~70	10~45	2~20 5~20	×	×	○	●	●	●	●	×	×	×
		1.2	80~100	35~80	15~50	2~20 10~30	×	×	○	●	●	●	●	×	×	×
		5~0.3	10~70	0~40	0~15	0~10	×	×	○	×	●	●	●	×	×	×

1) 굵은골재의 크기를 1~8까지 크기순으로 구분한 번호인데, 일례로 467골재는 4번과 6번과 7번을 혼합한 골재임

2) 적용 골재의 분석에서 ○는 나누어진 위 칸의 규정을 적용하고, ●는 나누어진 아래 칸의 규정을 적용하며, ◐는 10 mm, 5 mm는 위 칸, 2.5 mm는 규정 없음을 적용하고, ×는 규정이 없음

6. 모두에게 이익이 되는 셈 법(Ⅰ)

1. 서 언

얼마 전 필자는 차폐콘크리트와 관련하여 국내 모 건설사를 기술적으로 자문한 적이 있다. 즉 차폐콘크리트는 동일 두께에 밀도를 높여 차폐성능을 올리는 방법과, 밀도는 동일하더라도 두께를 두껍게 하여 차폐성능을 올리는 방법이 있는 데, 당 현장에서는 밀도는 일반 콘크리트를 이용하면서 두께를 두껍게 하는 방법이 채택되었다.

그러나 발주처측 요구로 콘크리트의 밀도가 반드시 2,300 kg/m^3 이상을 안정적으로 발휘해 줄 것이 요구되어 다양한 검토 후 이를 효율적으로 해결해준 적이 있다.

따라서 이 단원 및 다음 단원에서는 이와 같은 시공 사례를 교훈으로 기본적인 콘크리트 밀도 만족은 물론이고, 품질 및 가격 측면에서도 레미콘 제조사, 레미콘 구입자 모두에게 이익이 되었던 사례가 있는 데 그 내용을 소개해보고자 한다.

2. 현장개요

본 서에 기술하고자 하는 대상구조물은 암치료에 효율적인 방법으로 새롭게 시도되는 양성자 치료에 관련한 것으로(사진 1 참조) 국내 최초로 일본에서 기술을 도입하여 건설되고 있는 시설이다. 상세한 현장개요 및 적용부위는 표 1과 같다.

즉 갠트리실 매트기초 및 벽시공 과정에서 (지하 4층) 매스콘크리트의 수화열 균열문제를 해결하기 위하여 플라이애시 및 고로슬래그 미분말을 사용하면서 단위용적질량 2,300 kg/m^{3}을 안정적으로 발휘하는 것을 검토하였다.

사진 1 현장 조감도

표 1 현장개요 및 적용 부위

구분		내용
개요	공사명	서울 양성자센터 신축공사
	규모	지하 4층, 지상 6층
	연면적	14,445 m^2
	구조	철골철근 콘크리트 구조
적용 부위	실명	갠트리실(양성자 치료실)
	레미콘 규격	25-27-150
	입도 보정 전	기초매트(Thk 2,000 mm)
	입도 보정 후	벽체(Thk 2,000 mm) 및 기타

3. 문제 해결과정

암반 위에 두께 2,000 mm의 매트 매스콘크리트를 균열 없이 타설하기 위하여 저발열배합에 국토교통부 신기술 제618호인 수화발열량차 공법을 검토하였다. 그러나 수화열에 의한 균열문제는 어느 정도 해결되었더라도 단위용적질량 2,300 kg/m³는 안정적으로 해결되지 않았다.

자철광, 중정석 등 중량골재를 검토하였지만 도저히 경제성이 맞지 않았고, 동슬래그 · 연슬래그 골재와 제강슬래그 골재 및 제강슬래그 미분말도 검토하였지만 효과 및 경제성 면으로 접근할 수 없었다.

콘크리트배합 측면에 대해서도 다각적으로 검토하였는데, 그래도 나름대로 최적 대안은 AE제 사용을 생략하는 것이었다. 즉 공기량 1 % 감소는 약산으로 23 kg/m³ 증가로서 4.5 %를 2 %대로 2.5 %를 감소시키면 57.5 kg/m³의 증가로서 2,300 kg/m³ 전후를 나타내는 레미콘 배합에 그런대로 적용할 만 하였다.

따라서 이와 같은 검토결과를 기초매트 콘크리트에 적용하였는데, 매트기초 적용 결과 수화열의 균열 없이 그런대로 양호한 콘크리트 품질은 발휘하였다. 그러나 유감스럽게 공기량이 목표 공기량 2.0 %보다 큰 3.0 %이었고, 또한 단위용적질량이 2,300 kg/m³ 이상이었지만 충분히 안정성을 확보하지 않았으며, 또한 매스콘크리트 상부에 시멘트 모르타르가 다량 존재하는 재료분포의 불균형이 관찰되었다.

이 문제는 골재의 불연속입도분포(Gap grading)에서 발생하는 문제로, 이 문제를 해결하기 위한 실험을 계획하였다. 즉 실무 부순 굵은골재 생산현황을 살펴보면 8 mm 이하는 석분이라 하여 벽돌제조용 골재 혹은 부순잔골재 원료로, 8~13 mm는 투수콘크리트용 골재로, 13~25 mm는 25 mm 골재라고 하여 레미콘용에 사용하고 있다. 그렇게 하다 보니 레미콘산업의 경우 잔골재는 5 mm 이하, 굵은골재는 13~25 mm로서 결국 5~13 mm 사이의 골재가 없어 연속입도를 이루지 못하는(Gap grading) 상황이 발생함으로써 상기의 문제점이 발생한 것으로 진단되었다.

특히 갠트리실의 경우 기초바닥은 하부에 암반이 있으므로 수평방향으로 불균일해지더라도 문제가 적지만, 벽체의 경우는 특히 벽체 상부의 경우 재료의 불균일분포 현상으로 단위용적질량 2,300 kg/m^3 이상을 만족시키지 못하는 상황이 발생하면 인체의 안전과 관련하여 심각한 문제로 발전할 수도 있다.

4. 실험시공계획 및 방법

본 실험시공계획은 표 2와 같다. 즉 2수준의 비교로서 25-27-150 레미콘을 기본으로 하고 5~13 mm가 없어 Gap grading되어 있는 플레인배합과 플레인배합에 5~13 mm 골재를 13~25 mm 골재에 20 % 치환하는 연속입도 분포로 하였다(10~40 % 범위에서의 예비실험에서 얻은 최적의 결과이었음). 이때 배합사항은 표 3과 같다. 실험시공에 사용한 재료는 일반적으로 국내 레미콘에서 사용하는 재료를 사용하였고 실험방법은 모두 KS규격의 표준적인 방법으로 실시하였다. 현장시공 모습은 사진 2와 같다.

표 2 실험시공계획

실험요인	실험내용
레미콘 규격	25-27-150
혼화재 치환	OPC : BS : FA = 5 : 3 : 2
실험변수	· 플레인배합 – 불연속입도 · 개량배합 – 연속입도 (5~13 mm 골재를 13~25 mm 골재에 20 % 치환)
실험사항	· 굳지 않은 상태 – 슬럼프, 공기량 · 경화콘크리트 – 압축강도(3, 7, 28일)

표 3 배합사항

구분	W/B (%)	S/a (%)	W (kg/m^3)	SP/C (%)	질량배합(kg/m^3)						
					C	FA	BS	S1	S2	G1	G2
입도 보정 전	45.7	49	159	0.85	174	70	104	439	437	921	
입도 보정 후	44.0	47	153	0.65	174	70	104	421	420	767	190

사진 2 현장시공 모습

7. 모두에게 이익이 되는 셈 법(Ⅱ)

1. 서 언

전 단원에서는 모두에게 이익이 되는 셈 법으로 현장개요, 문제 해결 과정 및 실험시공 계획 및 방법에 대하여 기술하였다. 이 단원에서는 전번 단원에 이어 실험결과 및 분석과 모두에게 이익이 되는 경제성 분석에 대하여 기술한다.

2. 실험결과 및 분석

사진 1은 콘크리트 품질시험 예이고, 그림 1~3은 입도보정 전으로 갠트리실의 기초 콘크리트와 입도보정 후 갠트리실 벽체 콘크리트에 적용한 콘크리트의 슬럼프, 공기량 및 단위용적질량 시험결과를 비교한 것이다.

사진 1 콘크리트 품질시험 예

입도를 보정한 경우 슬럼프가 약간 낮고, 1.5 % 전후의 낮은 공기량을 나타내었다. 특히 중요시되는 단위용적질량의 경우 2,300~2,310 kg/m^{3}로서 여유있게 2,300 kg/m^{3}를 만족시키지 못했던 것을 입도보정 후의 경우는 2,330~2,350 kg/m^{3}로 안정적인 단위용적질량을 만족시키는 결과이었다. 이는 역시 굵은골재가 연속입도분포로 됨에 따라 슬럼프는 약간 낮아지더라도 최밀충전되어 공기량이 낮아지고 또한 단위용적질량도 안정적으로 높아진 결과로 분석된다.

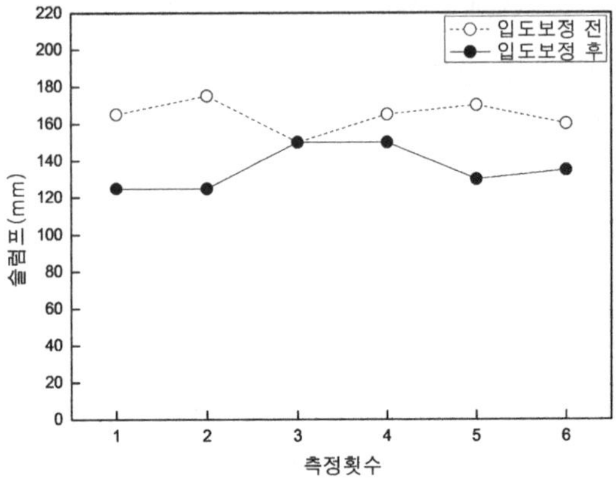

그림 1 슬럼프 시험결과

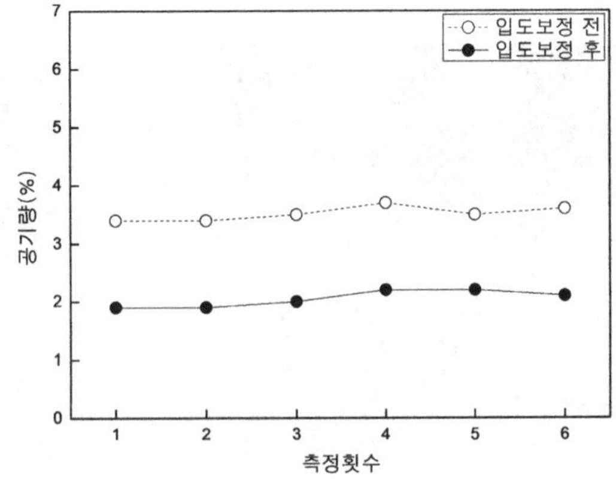

그림 2 공기량 시험결과

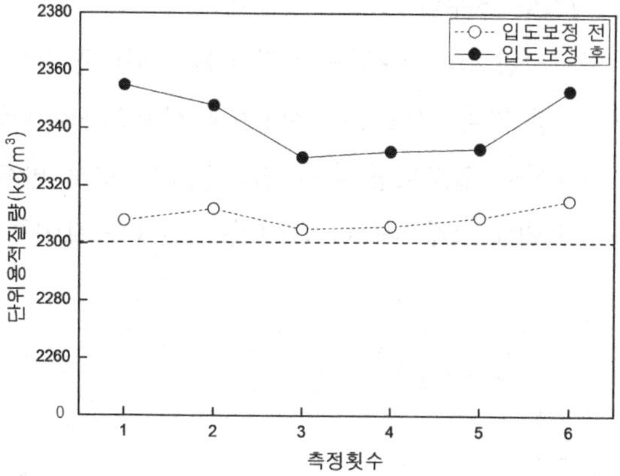

그림 3 단위용적질량 시험결과

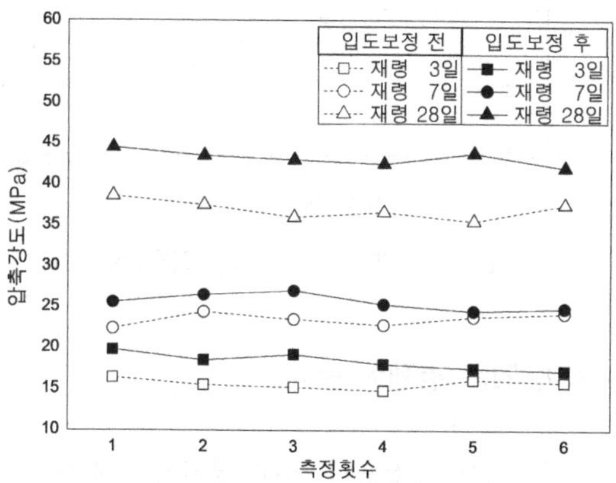

그림 4 압축강도 시험결과

그림 4는 6회 시험결과에 대하여 재령별 압축강도를 비교하여 나타낸 것이다. 3, 7, 28일 공히 입도를 보정한 경우에서 2~6 MPa 정도 높은 강도값을 나타내고 있다. 이 또한 연속입도분포에 의한 최밀충전의 결과로서 매우 바람직한 현상으로 받아들여지는데, 이와 같은 현상에서 미루어 짐작하면 탄성계수도 커져 제반 역학적 성질도 우수하고, 건조수축균열도 작으며

각종 내구성적 성질도 우수할 것으로 유추된다.

참고로 그림 5는 그림 4의 압축강도 시험결과를 재령 경과에 따른 압축강도 증진경향을 입도보정 전과 입도보정 후의 6개 시험결과의 평균치로 나타낸 것이다. 모든 재령에서 입도보정 후의 압축강도가 크게 발휘되는데, 특히 28일의 경우는 6.4 MPa 크게 나타나 의미있는 결과를 보여주고 있다.

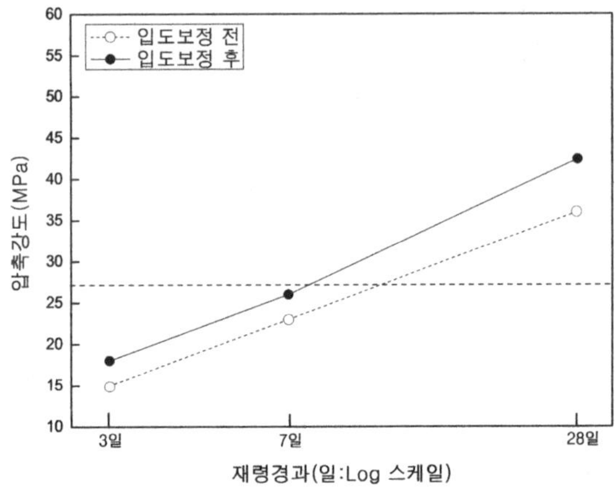

그림 5 재령 경과에 따른 압축강도 비교

3. 모두에게 이익이 되는 경제성 분석

위의 현장적용 결과에서 품질문제 외에 경제성 문제에 대해서도 분석해 보았다. 즉 당시 공사현장 골재를 생산하는 석산에서 골재가격으로 5~13 mm는 1 m^3당 18,000원, 13~25 mm는 15,000원으로 m^3당 3,000원이 비싸게 거래되었다. 그러나 13~25 mm를 80 %로 사용하고 5~13 mm를 20 % 사용하여 이용하게 되면 결국 레미콘 가격은 m^3당 1,000원이 비싸지는 결과이었다. 그렇게 되니 결국 단순 가격비교로는 레미콘 주문사가 1,000원을 손해보는 셈이 되었다. 따라서 이번에는 레미콘사에 강도레벨을 28일 강도에서 6.4 MPa 정도 크게 발휘되었음에도 배합강도를 3 MPa 정도만 낮춰줄 것을 요구하였다. 그렇다면 이번에는 레미콘 가격이 저렴하게 되는데 결국 그 가격은 3,000원 정도 저렴해지는 결과였다. 결국 1,000원을 더 주는 것으로 3,000원이 저렴하므로 남는 액수는 2,000원, 그렇다면 이 금액을 서로서로 나누자. 그러면 레미콘사도 m^3당 1,000원이 남았고, 레미콘 주문사도 1,000원이 남았다. 그럼에도 구조물은 어떠한가? 요구하는 단위용적질량도 안정적으로 만족하고 아직 강도도 3 MPa 정도 여유가 있게 되었고, 무엇보다도 재료분리가 없고 전면에 굵은골재가 분포되어 건조수축 균열을 대폭적으로 막을 수 있었다.

결국 이상의 결과에서 얻을 수 있는 교훈은 우리나라 전국 대부분의 레미콘이 공통적으로 안고 있는 굵은골재의 불연속입도분포(Gap grading) 문제를 연속입도분포로 고쳐주게 되면 레미콘 1 m^3에 2,000원, 1년에 1억 m^3 이상 생산되는 레미콘 모두에 적용한다면 적어도 연간 2,000억 이상의 비용을 절약할 수 있는 결과로 산출된다. 부디 전국에 있는 레미콘사의 경영자분들, 이와 같은 문제를 시도해보지 않으시렵니까?

8. 4대강 준설토사의 콘크리트용 골재화 대책

1. 서 언

우리나라에서 4대강 정비사업은 골재생산업 및 건설업 등과 관련한 산업에서 큰 변화가 예상된다.

즉 종전에는 우리나라의 경우 주먹구구식 계산에 군작전식 밀어붙이기도 없지는 않았지만 요즘은 충분히 예측하고 체계적인 계획으로 국가 백년대계를 착실히 수행해 나가고 있기 때문에 큰 문제는 없을 것으로 예측된다. 그러나 혹시 하는 우려 속에서 4대강 정비사업에서 발생하는 준설토사를 콘크리트용 골재대책에 활용하고자 함에 있어 조심스럽게 문제점을 제기하고 효율적인 해결방안을 제시해본다.

2. 골재생산 현황 및 문제점

골재업계 전문가들은 4대강 사업과 관련하여 대략 3억 2,000만 m^3의 준설토사가 발생할 것으로 추정하고 있다. 이는 서울남산의 체적이 5,000만 m^3 정도인 점을 감안할 때 남산의 6배에 달하는 물량이고, 또한 우리나라 연간 모래 소요량은 대략 1억 m^3 전후인데, 준설토사의 70% 정도를 모래로 쓸 수 있다고 가정한다면 2억 2,400만 m^3로 대략 2년 반 가량 사용할 수 있는 막대한 양이 된다.

그런데 그동안 우리나라의 골재산업은 양질의 천연골재자원은 거의 고갈되어 구하기 어려워짐에 따라 국내산 바닷모래, 북한산 바닷모래, 배타적 경제수역(EEZ)모래, 중국산 수입모래, 부순모래, 재생모래, 육사(개답모래), 산업부산물(철, 동, 연, 니켈 등) 슬래그모래 등 다양한 자원을 활용하여 언제나 공급이 부족하여 어려움을 겪어오면서도 그런대로 혼합골재 등으로 발전하여 품질적 측면이나 가격적 측면에서 어느 정도 기틀을 잡고 있는 것이 현실이다.

그러나 골재업계에서는 이제부터 위기일 것으로 추측된다. 즉 경제용어 중에서 '악화는 양화를 구축한다'는 말이 있다. 물론 정확한 비유는 아닐 수도 있고, 또한 우려와 다르게 전개될 수도 있지만, 우선 염려되는 것은 저가에 저품질의 준설토사가 그동안 노력하며 개척해 놓은 골재시장을 구축하여 완전히 망가트리지나 않을까 하는 우려가 먼저 들고, 터무니없는 레미콘 품질로 국가 전체의 건설이 위기에 놓이지 않을까 하는 우려 및 4대강 사업 종료 후 준설토사를 모두 소비한 이후의 골재업계 혼란 또한 걱정이 아닐 수 없다.

3. 대책 및 해결방안

1) 준설토사의 대량비축

품질의 문제는 논외로 하더라도, 언제나 그렇듯이 엄청나게 많은 물량을 일시에 시장에 쏟아내면 시장질서는 엉망이 된다. 기존의 업자는 도산하고 새로운 주도세력이 나타나 시장은 요동을 치게 되는데, 수요공급의 기본질서가 붕괴되면 품질 또한 기대할 수 없음에 정부는 10년, 20년 및 100년의 앞을 내다보고 아무리 어려움이 있을지라도 준설토사를 비축함으로써 시장질서를 붕괴시키는 일은 없어야 할 것이고 또한, 섣부른 판단으로 골재를 외국에 수출한다거나 저급용도로의 가치 없는 활용도 절대로 없어야 할 것이다.

2) 철저한 품질파악

4대강에서 발생하는 준설토사를 가장 효율적으로 활용하는 방안을 찾기 위해서는 정확한 물량산출과 철저한 품질파악이 우선이 된다. 즉 산출량은 물론이거니와 위치별 골재의 품질을 철저히 파악하여야 하는데, 일례로 그림 1과 같은 금강 상류에서 하류까지 이르는 수계 중 골재의 품질은 표 1 및 그림 2와 같은데, 대부분이 KS규격에 불합격임을 알 수 있다.

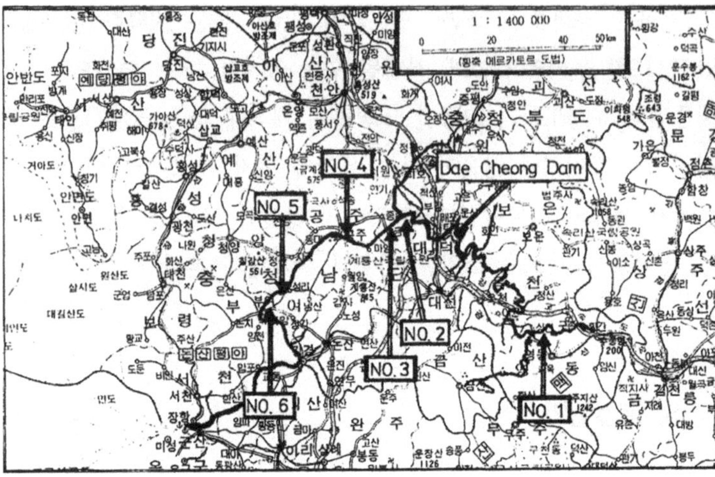

그림 1 시료채취 위치

표 1 잔골재의 물리적 성질

샘플 위치	밀도 (g/cm^3)	흡수율 (%)	조립률	0.08 mm체 통과량	단위용적질량 (kg/m^3)	공극률 (%)
NO. 1	2.60	2.31	3.43	2.62	1,680	35.0
NO. 2	2.57	1.84	2.56	2.33	1,600	37.7
NO. 3	2.56	1.84	2.03	1.10	1,490	41.7
NO. 4	2.56	1.80	1.87	0.84	1,470	42.5
NO. 5	2.56	1.50	1.83	0.91	1,470	42.5
NO. 6	2.56	1.35	1.82	1.05	1,470	42.5

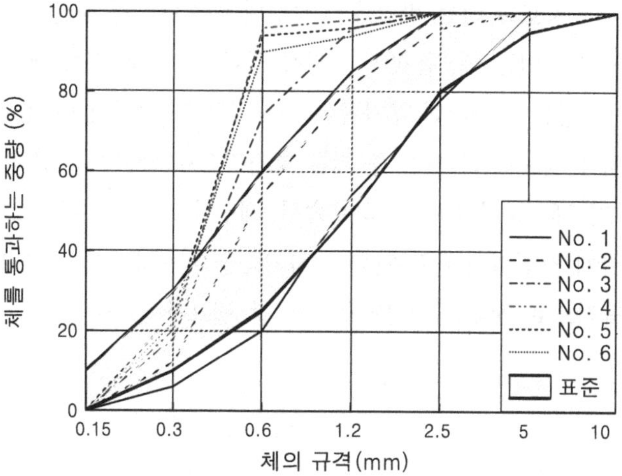

그림 2 잔골재의 입도곡선

3) 효율적인 활용대책 수립

앞의 조사 일례에서 보듯이, 우리나라 4대강 수계에 있어 준설토사를 골재로 활용한다고 가정할 때 대부분이 KS규격의 표준입도 범위에 속하지 못하는 것으로서 콘크리트용 골재로 쓸 수 없게 된다. 그러나 만약 무리해서 이와 같은 준설토사를 콘크리트용 잔골재로 활용하게 되면 규정위반은 물론이고 엄청난 품질저하를 초래하게 되어 하자보수까지 포함하면 엄청난 역효과로 나타나게 된다. 따라서 효율적으로 활용하는 방법을 찾아야 하는데, 이때에는 세척으로 미립자를 제거하는 방법도 있지만 이 경우는 많은 세척비용과 아울러 환경파괴 등으로 이어져 효과적이지 못하다.

결국 이와 같은 경우에 가장 저렴하고 효율적인 방법으로는 혼합골재로 해결하는 것이다. 즉 미세한 입자로 이루어진 준설토사는 굵은입자로 이루어진 정반대의 잔골재를 혼합해주면 가능할 수 있는 데, 이때 혼합에 바람직한 골재는 굵은입자의 바닷모래, 부순모래, 개답모래, 재생모래 및 산업부산물 슬래그모래 등이 된다. 혼합골재화하는 방법은 레미콘사에서 자발적으로 혼합하여 사용토록 하는 방법과 공장형태의 혼합골재 생산업을 창출시켜 공급하는 방법이 있는 데, 품질의 안정적 공급 측면 및 중소 레미콘사 등의 품질관리능력 등도 감안하면 후자쪽이 바람직하다. 그런데 이 경우는 또 다른 후속조치를 필요로 하는데, 즉 이를 효과적으로 활용하기 위하여 KS규격으로 「콘크리트용 혼합골재」를 하루속히 제정하고, 또한 부순모래 생산과 같이 혼합골재 생산업체에 KS인증 심사기준을 마련해주어 그에 따라 준설토사를 효율적으로 활용하는 방안을 강구할 필요가 있다.

4. 결 언

4대강 사업에서 발생하는 막대한 양의 준설토사는 콘크리트용 골재측면에서 보면 독이 될 수도 있고, 수 십년 혹은 수 백년 동안 이용할 수 있는 보물일 수도 있다. 과연 우리는 이와 같은 준설토사를 어떻게 활용해야 할 것인지 진정으로 심도 있게 연구하여 올바른 대책을 마련해야 할 때라고 생각한다.

9. 순환골재는 귀중한 자원

1. 서 언

우리들의 옛말에는 '일거양득', '일석이조', '도랑치고 가재잡고' 등 한꺼번에 두 종류의 일을 동시에 해결할 때 자주 쓰이는 말이 있다. 콘크리트의 경우에도 폐기물로 버려지는 폐콘크리트를 그림 1 및 사진 1과 같은 처리공정을 거쳐 부족한 골재자원으로 재활용할 때는 이런 말이 붙여질 만한 경우이다.

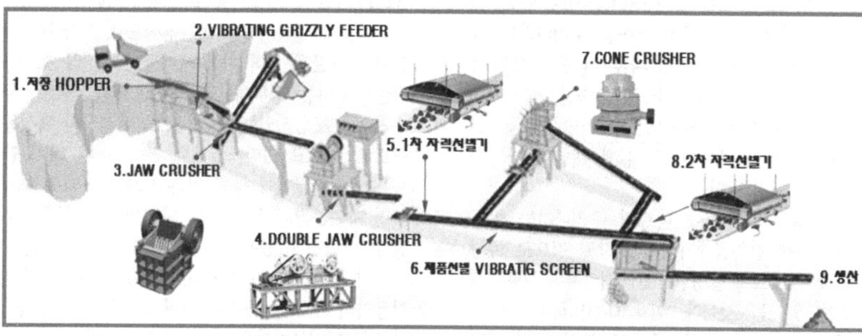

그림 1 순환골재 생산 공정 일례

사진 1 순환골재 생산 전경

이 단원에서는 건설자원협회(나철성 과장)의 도움으로 뉴시스(NEWSIS)라는 신문에 필자명으로 투고했던 「순환골재는 귀중한 자원이다.」의 내용을 전재로 순환골재의 중요성에 대하여 소개해 보도록 한다.

〔순환골재는 귀중한 자원이다.〕

우리나라를 처음 방문하는 외국인들에게 대한민국에 대한 첫 느낌을 물어보면 열에 다섯은 성냥갑처럼 지어진 콘크리트 구조물들이 이색적이라고 한다. 그도 그럴 것이 어디를 가나 도로, 건물, 각종 시설물로 빼곡히 들어찬 우리나라는 가히 '콘크리트 공화국'이다. 지금 이 순간에도 각종 구조물을 짓기 위해 강, 산, 하천, 심지어는 바다에서 골재가 채취되고 있다. 그러나 무궁무진할 것만 같은 골재자원 중 실제 개발이 가능한 양은 그리 많지 않다.

국토교통부의 연구에 따르면 우리나라는 향후 20년 이내에 천연골재자원이 고갈될 것으로 예상된다. 2004년도에 발생한 '골재대란'이 언제든 재발할 수 있다는 것이다. 이제 대한민국이 '물 부족 국가'이자 '골재부족 국가'로 불리게 될 날도 멀지 않은 상황에서 천연골재를 대신할 대체자원 개발은 시급한 과제이다.

전문가들에게 부족한 천연골재를 대체할 자원을 꼽으라면 단연 '순환골재'를 꼽는다. 순환골재는 건설폐기물로 만들어낸 재활용 골재이다. 연간 약 6,430만 톤 정도 발생하는 건설폐기물을 적정하게 처리하면 약 5,300만 톤의 순환골재가 만들어진다. 이를 도로공사, 콘크리트용 등에 전량 사용하면 천연골재 사용량의 약 14%까지 대체할 수 있게 된다. 이에 따라 정부에서는 순환골재 재활용에 대한 필요성을 공감하고 별도의 법률을 제정하는 한편 철저한 품질관리를 통해 건설산업에서 유용하게 사용할 수 있도록 각종 제도를 만들어 시행하고 있다.

또 국내에서 순환골재를 생산하는 약 400여 개 업체들은 세계 최고 기술력을 자랑하며 고품질의 골재를 생산하고 있다. 현재 우리나라 건설폐기물 처리산업의 경우 막대한 시설투자 및 기술개발 등으로 폐콘크리트를 원료로 모래까지 생산·공급하는 수준의 기술력을 확보하고 있다.

이렇듯 건설폐기물을 친환경적으로 처리하여 생산된 순환골재는 더 이상 폐기물이 아니라 소중한 건설자원이다. 정부에서도 '순환골재'를 새로운 골재원으로 포함시키는 등 저탄소녹색성장의 핵심동력으로 여기고 있다. 일례로 2007년 한 해 동안 사용된 순환골재를 통해 얻은 사회적 편익을 따져보면 자연환경파괴 방지 및 파괴된 국토 복구비용 절감, 매립지 수명연장 등 약 4427억 원에 달한다.

그러나 이러한 건설자원이 일부 제도의 미비, 사용자의 부주의 등으로 인해 폐기물로 취급되거나 건설폐기물재활용 정책 전체가 폄하되기도 한다. 최근 언론보도를 통해 낙동강유역 공사구간 일부에서 순환골재와 함께 부적절하게 처리된 건설폐기물이 혼합 사용된 일이 알려졌다. 짐작컨대 낙동강 준설과정에서 차량과 중장비의 진입을 원활하게 하기 위해 연약지반에 일부 품질기준을 벗어난 폐콘크리트 덩어리 등을 사용한 것이 언론과 환경단체로부터 비난의 화살을 맞고 있는 것 아닌가 싶다. 이를 두고 일각에서는 우리나라를 금수강산이 아닌 건설폐기물 강산이라고까지 지적했다. 건설폐기물의 재활용에 대한 부정적 인식이 확대되고 있는 것 같아 안타까울 따름이다.

〈참조 : www.newsis.com〉

II 보통콘크리트

1. 우리나라 레미콘의 배합설계 개선방향(Ⅰ)

1. 서 언

이 단원에서는 본인의 연구실에서 석사학위 논문으로 연구된 「우리나라 레미콘의 배합특성에 관한 조사연구」의 내용을 요약하여 우리나라 배합설계의 개선방향을 다음 단원까지 연속하여 기술해 본다.

2. 조사계획 및 방법

올바른 배합설계는 문헌조사를 통한 이론적 고찰, 실험연구를 통한 실증적 검토 등이 가능할 수 있지만 유사한 조건의 선진적 사례를 비교하는 것도 개선방향이 될 수 있다. 그런데 때마침 본인이 일본건축학회 학술발표대회에 참가하였을 때 서중콘크리트와 관련하여 배합자료가 수록된 보고서를 구입할 수 있었는데, 이것과 동일요령으로 우리나라 각 레미콘사의 배합자료를 수집하여 상호비교하는 것으로 개선방향을 검토하고자 한다.

우리나라와 일본의 레미콘을 조사한 지역은 그림 1 및 2와 같다. 즉 우리나라는 전국적으로 97개 레미콘공장, 일본은 오사카광역의 105개 공장을 대상으로 하였고, 조사 시기 및 방법으로 한국의 경우는 2010년 6월~9월까지 품질관리 담당자를 직접방문 혹은 팩스를 통해 수집하였으며, 일본의 경우는 2010년 6월 일본건축학회 근기지부와 오사카광역 레미콘협동조합에서 공동으로 발간한 「서중콘크리트 공사에 관한 기술의 현황과 하기대책」의 자료(2009년 8월 자료)를 참고하였다.

조사내용은 사용골재의 경우 표건밀도, 조립률, 흡수율, 안정성 등이었고,

배합자료로는 우리나라 레미콘사에서 가장 출하량이 많은 25-24-150 레미콘만을 대상으로 양국간의 물시멘트비, 잔골재율, 단위수량 및 화학혼화제량 등 배합자료를 비교 · 분석하였다.

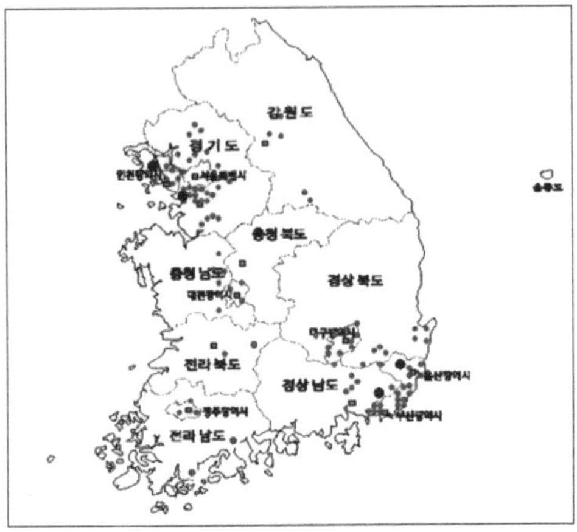

그림 1 우리나라 레미콘공장 시방배합 자료 수집 위치

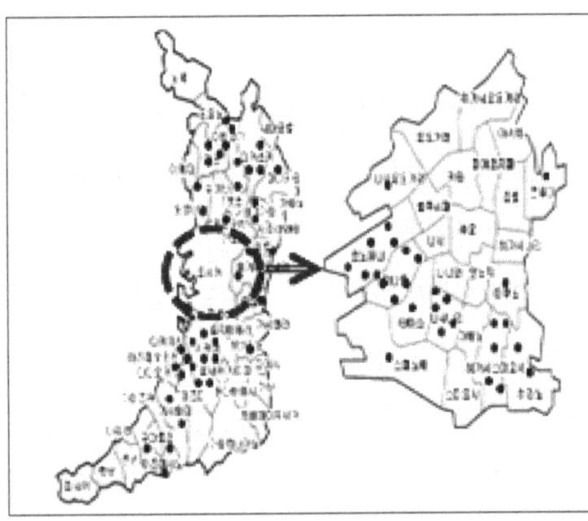

그림 2 일본 레미콘공장 시방배합 자료 수집 위치

3. 조사결과 및 분석

조사결과 중 우리나라와 일본의 경우 사용재료 중 골재의 품질특성도 분석하였지만, 그 결과는 우리나라와 일본의 경우 큰 차이가 없었으므로 지면 관계상 생략하고 배합특성에 대하여만 분석해 본다.

1) 물시멘트비

그림 3은 25-24-150에 대한 우리나라 레미콘사의 물시멘트비와 일본의 물시멘트비를 비교한 것이다. 우리나라의 대표적인 시료로 조사된 레미콘사의 물시멘트비는 산술평균값 50.2 %로 일본의 57.0 % (하나의 수준으로 고정하고 실시하였음)에 비해 약 6.8 % 정도 낮게 나타났다.

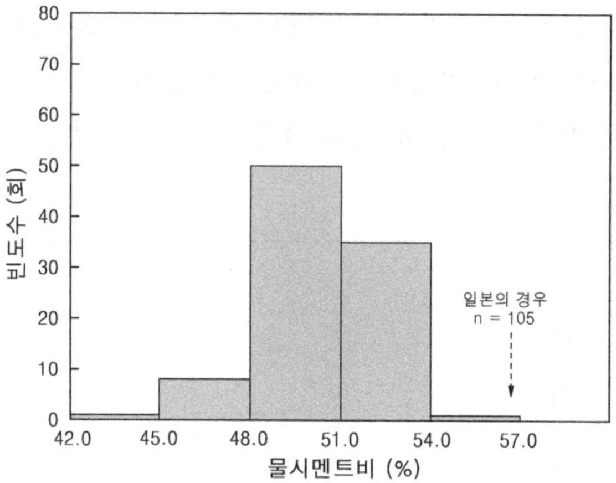

그림 3 물시멘트비의 히스토그램

2) 잔골재율(s/a)

그림 4는 전과 동일하게 s/a를 나타낸 것이다. 우리나라의 산술평균은 48.9 %인데 비해 일본은 48.1 %로서 0.8 % 정도 높게 조사되었다.

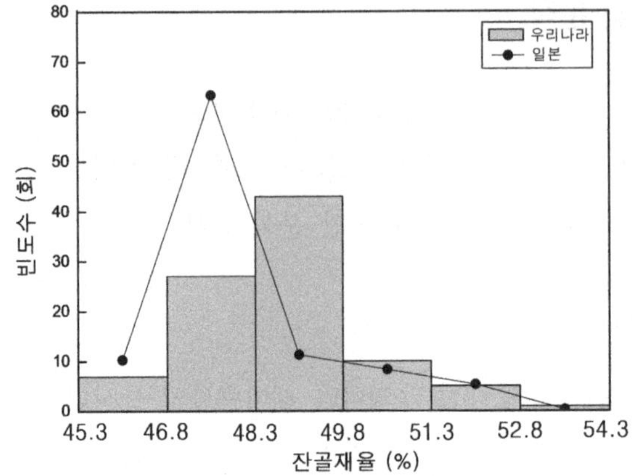

그림 4 잔골재율의 히스토그램

3) 단위수량

조사된 결과에 의하면 우리나라 레미콘의 단위수량 산술평균치는 그림 5와 같이 172 kg/m^{3}인데 비하여 일본의 경우는 178 kg/m^{3}로(하나의 수준으로 고정하고 실시하였음) 약 6 kg/m^3 정도 적은 것으로 나타났다.

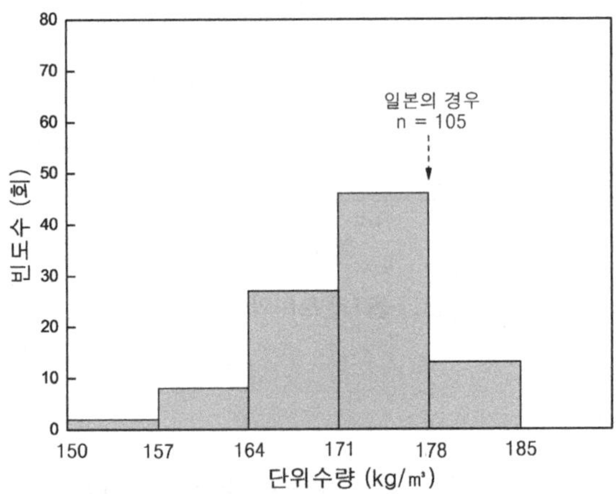

그림 5 단위수량의 히스토그램

4) 화학혼화제량

우리나라 레미콘의 화학혼화제량은 그림 6과 같이 2.09 kg/m^3인데 비하여 일본의 경우는 3.71 kg/m^3로서 1.62 kg/m^3 적게 사용하는 것으로 조사되었다.

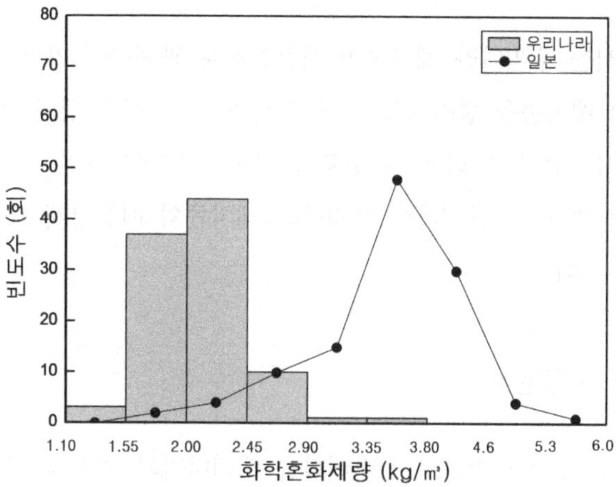

그림 6 화학혼화제량의 히스토그램

2. 우리나라 레미콘의 배합설계 개선방향(Ⅱ)

1. 서 언

전 단원에서는 우리나라 레미콘의 배합설계와 관련하여 가장 출하량이 많은 25-24-150 레미콘을 중심으로 일본 오사카광역권의 배합자료와 비교하여 차이점을 찾아보았다. 따라서 이 단원에서는 전 단원에 이어 종합적인 배합특성간의 분석과 이에 근거하여 우리나라 레미콘의 배합설계 개선방향에 대하여 기술해 본다.

2. 배합특성 종합분석

표 1은 25-24-150 레미콘의 시방배합을 우리나라와 일본의 경우를 비교하여 나타낸 것이다. 전반적으로 골재의 특성은 일본과 유사한 경향을 보이는 반면, 배합특성은 비교적 큰 차이를 나타내었다. 즉 W/C, 단위수량(W) 및 화학혼화제량은 일본에 비해 적은 값을 나타내었으나, 잔골재율(S/a)은 큰 값을 나타내어 매우 상이한 특성이 조사되었다.

표 1 우리나라와 일본의 시방배합 비교(25-24-150의 경우)

항목	우리나라 (A)	일본 (B)	우리나라와 일본의 차 (A-B)
W/C(%)	50.2	57	-6.8
S/a(%)	48.9	48.1	+0.8
W(kg/m^3)	172	178	-6
화학혼화제량(kg/m^3)	2.09	3.71	-1.62

이중 동일한 규격의 레미콘임에도 불구하고 우리나라 레미콘배합의 W/C가 6.8% 정도 크게 나타난 것은 일본 시멘트의 강도가 우리나라보다 큼에 기인하는 요인도 있지만, 우리나라 레미콘의 경우 레미콘 납품 시 배합보고서상 단위시멘트량 상향수준 준수의 요구 등에 의한 부분과 레미콘 가수에 의한 보정이 고려된 것 등 복합적인 원인으로 추측된다.

우리나라 레미콘배합의 S/a의 경우에서 일본보다 물시멘트비가 작아지면 S/a가 작게 결정되는 것이 기본임에도 불구하고 오히려 일본보다 크게 되어 있다. 이는 우리나라 공사관계자가 콘크리트 강도, 내구성 등 콘크리트 자체의 품질보다는 콘크리트 표면에 기포가 없고 매끄럽게 나오는 미관성을 요구하는 것과 콘크리트 타설 기능공들의 작업 편이성 요구에 부응하기 위한 것 및 굵은골재의 5~13mm가 결여된 불연속입자분포의 보상으로 S/a가 높아짐 등의 복합작용에 기인하여 불합리하게 높게 결정된 것으로 추측된다.

또한 단위수량 및 화학혼화제량의 경우는 굳지않은 콘크리트의 배합요소 중 질기(Consistency)와 관련한 것으로, 즉 일본보다 W/C가 작고, S/a가 크면 된비빔배합이 되어 단위수량과 화학혼화제량이 많아져야 하는데, 표 1에는 오히려 작아져 있다. 그렇다면 우리나라와 일본 레미콘사 간의 배합자료에는 모순이 발생하고 있다. 즉 일반적인 레미콘 배합설계시 유동성을 향상시키기 위해서는 표 2와 같은 대책, 즉 잔골재율은 낮추고, 단위수량과 화학혼화제량은 높이는 조치가 필요한데, 우리나라의 경우는 모두 일본과 반대 경향이 나타났다.

표 2 유동성 향상을 위한 대책

항 목	대책	우리나라와 일본의 차(A-B)	비고
단위수량	높임	−6 kg/m³	반대경향
잔골재율	낮춤	+0.8%	반대경향
화학혼화제량	높임	−1.62 kg/m³	반대경향

이는 우리나라이든지 혹은 일본의 경우든지 주어진 배합자료로 레미콘을 배합하게 되면 목표한 슬럼프값 등 올바른 품질이 발휘되지 않는다는 결과이다.

물론, 이와 같은 결과가 일본보다 우리나라 레미콘사의 사용재료가 월등히 우수하며, 배합설계에도 월등히 앞선 기술을 보유함으로써 그런 결과를 나타낸 것이라면 참으로 박수를 보내면서 자랑해야 할 일이다. 그러나 유감스럽게도 그와 같이 나타난 결과가 수요자의 지나친 요구에 끌려가고, 시공자의 편리성에 맞추기 위하여 잘못 배합설계된 것이라면 하루속히 바로 잡아야 할 것이다. 특히 그것도 큰 압축강도를 내는 상태를 유지하면서 그와 같은 것이라면 차라리 낳겠지만, 이후의 문제는 결국 불법적인 가수로 연결되기 때문에 더욱 문제가 심각하다.

일례로 그림 1은 국내 모 건설사에서 정상적으로 출하되는 레미콘에서 단위수량을 사진 1과 같은 시험기구를 이용하여 측정한 결과인데, 시방배합보다 훨씬 많은 단위수량이 활용되고 있는 것을 지적하고 있다. 따라서 이와 같이 높아진 단위수량을 근거로 표 2의 경향을 재분석한다면, 결국 동일한 유동성을 내기 위해 잔골재율을 높여도 가능하고, 화학혼화제량을 적게 활용해도 가능해지는데, 결국 이것은 W/C도 높아지는 결과가 되므로 강도가 낮아져서 이제는 출하되는 레미콘이 지나치게 크게 되는 강도문제를 해결하고 있고, 경우에 따라서는 강도 불합격 문제도 발생하는 상황이 될 수도 있다.

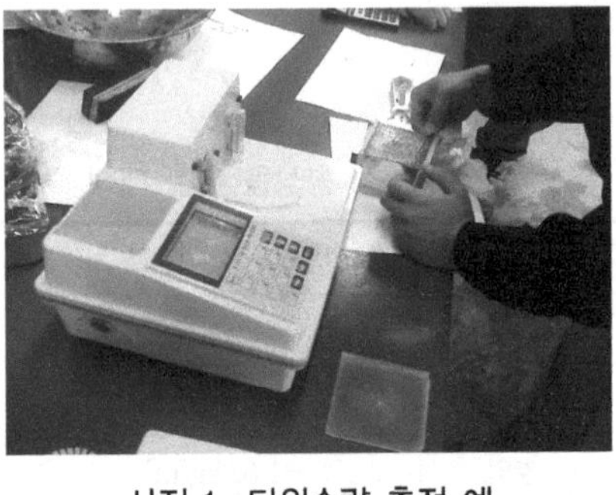

사진 1 단위수량 측정 예

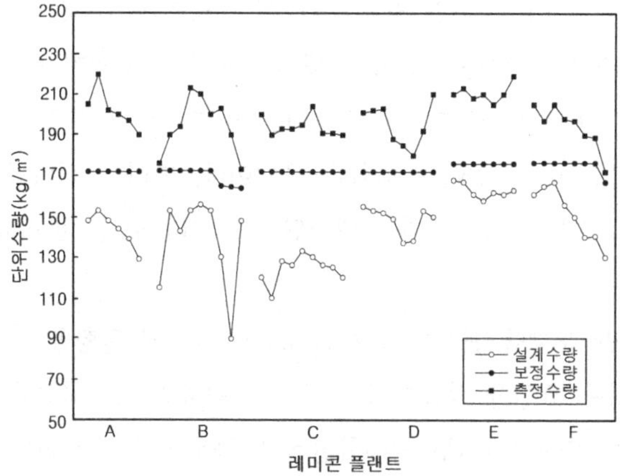

그림 1 레미콘 플랜트별 굳지않은 콘크리트의 보정수량 및 측정 단위수량 변화

3. 우리나라 배합설계의 개선방향

이상의 분석결과를 토대로 비정상적인 우리나라 레미콘의 배합설계가 정상적으로 정착하기 위해서는 다음과 같은 개선방향이 요구된다.

① 레미콘용 원재료의 품질이 나빠지지 않도록 유의해야 하는데, 특히 골재의 경우 각 진입형의 개선 및 5~13 mm 입자의 보충으로 불연속입자 분포를 연속입자 분포로 개선함으로써 지나치게 큰 S/a가 되지 않도록 노력한다.

② 화학혼화제로서 AE감수제의 성능을 고성능 AE감수제로 향상시키거나 혹은 AE감수제 사용량을 늘려 지나치게 큰 단위수량 문제를 해결해야 한다.

③ 콘크리트 배합에 있어 시멘트량의 경우는 많이 들어가는 것이 좋다는 잘못된 인식을 불식시킴으로써 가능한 한 작은 단위시멘트량이 되도록

해야 한다. 이렇게 하면 지구온난화의 주범인 CO_2 저감, 경제성 성취, 수화열 저감 등 다양한 문제를 해결하는 데도 효과가 있다.

④ 콘크리트 표면의 곰보현상을 막는다는 미명아래 슬럼프가 작은 콘크리트에까지도 S/a가 높아진 배합은 문제이다. 따라서 된비빔에서 묽은비빔으로 갈수록 S/a가 커지는 배합원칙에 따라 S/a는 관리되어야 할 것이다.

⑤ 기타 제반 문제를 불문하고 콘크리트의 품질에 영향을 미치는 혼화재료 등 각종 요인을 상세히 분석하여 저렴하면서도 목표품질을 정확히 발휘하는 효율적인 레미콘배합설계가 하루속히 정착되도록 노력해야 할 것이다.

3. 고강도 콘크리트의 운반시간 한도

1. 서 언

액상상태로 제조된 레미콘의 경우는 일정시간이 경과하면 시멘트의 수화반응에 의해 소성상태를 거쳐 고체상태로 굳어지게 된다. 따라서 레미콘의 운반시간은 소성상태로 접어들기보다 훨씬 이전(타설시간 및 안전율 등을 고려)에 완료해야 하는데, 보통 콘크리트인 경우는 I권 II-5(레미콘의 운반시간)에 기술한 바 있다. 그렇지만 보통 콘크리트가 아닌 특수한 콘크리트인 경우로서, 일례로 고강도·고유동 콘크리트라면 운반시간의 한도를 어떻게 관리해야 할지 의문이 아닐 수 없다. 그러므로 이 단원에서는 얼마 전 콘크리트학회에 접수된 질의사항에 대하여 회신한 내용을 중심으로 의문의 해답을 기술해 본다.

질의내용

1) 제목 : 80 MPa 고강도·고유동 콘크리트 운반시간 한도 관리기준에 대한 검토 건

2) 질의 배경 :

- 당 현장용 고강도·고유동 콘크리트는 그 규격이 20-80-650이며, 폴리카르본산계 고성능 감수제를 사용하여 소요 유동성 및 시공성을 최적화한 콘크리트로서, 유동성 유지시간은 최소 2시간 이상을 확보하여, 슬럼프 플로우가 관리기준(650 ± 75mm)을 만족하는 상황입니다. (Batch Plant 시험배합을 통해 확인함.)
- 그러나 현재 당 현장 시방기준의 경우 콘크리트표준시방서 중 일반콘크리트의 고내구성편을 참조하여 외기온도가 25℃를 초과할 경우 운반시간 한도를 60분 이내, 25℃ 이내일 경우 90분 이내로 관리하도록 규정되어 있는 실정입니다.

– 실제 현장 운용시 고강도콘크리트 제조시간, 레미콘 차량의 이동 및 도심지 운반시간 및 현장 대기시간과 고층 Direct Pumping시 배관 통과시간 등에 대한 고려가 전혀 반영되지 않은 실정입니다.

3) 질의내용 :

– 현재 고유동 콘크리트에 관한 별도의 규정이 없는 상황에서 기존 내구성 콘크리트의 시방기준을 준수하기에는 현장 시공관리상 무리가 따르는 실정이므로 이에 대한 운반시간 한도기준을 어디까지 설정해야 하는지에 대한 질의입니다.

회신사항

(1) 규정 적용과 관련하여

먼저 검토요청하신 내용 중 「외기온도가 25℃를 초과할 경우 운반시간 한도를 60분 이내, 25℃ 이내일 경우 90분 이내로 관리하도록」 규정되어 있는 것은 「콘크리트표준시방서 중 일반콘크리트의 고내구성편」이 아니고 건축공사표준시방서 제5장 철근콘크리트 공사 중 05055의 고내구성 콘크리트에 대한 규정임을 알려드립니다.

그런데 검토요청하신 20-80-650의 레미콘, 즉 호칭강도 80 MPa는 설계기준강도 24 MPa 이상 40 MPa 이하를 규정하는 고내구성 콘크리트에 속하지 않고, 레미콘 규격상으로는 특주품이며(60 MPa까지만 규정되어 있음), 콘크리트표준시방서 및 건축공사표준시방서상의 규정으로는 고강도 콘크리트에 속합니다. 따라서 표준시방서상 고강도 콘크리트의 운반시간 규정에 따라야 하는데 콘크리트표준시방서 및 건축공사표준시방서 두 규정 모두는 명확한 운반시간에 대하여 규정하고 있지 않습니다. 그러므로 이럴 경우는, 즉 특수콘크리트에 규정이 없는 사항일 경우는 일반 콘크리트의 규정에 따름을 적용하는데, 즉 일반 콘크리트의 운반시간은 '비비기로부터 타설이 끝날 때까지의 시간은 원칙적으로 외기온도가 25℃ 이상일 때에는 1.5시간, 25℃ 미만일 때에는 2시간을 넘어서는 안 된다.'라고 규정되어 있어 이 규정에 따라야 합니다.

(2) 운반시간 한도 기준을 준수하기 어려운 경우의 조치

일반적으로 레미콘의 운반시간 규정은 콘크리트의 응결시간 특히 초결시간을 기준으로 결정하게 된 것입니다.

즉 일반적으로 콘크리트의 초결시간을 4시간 정도로 가정 여기에 안전율을 고려하여 ($\times\frac{1}{2}$) 2시간 이내로 정하게 된 것인데, 결국 2시간이 지났다고 못 쓰는 콘크리트가 된 것은 아니고, 안전을 고려하여 사용하지 않도록 하는 것입니다.

그러나 최근 도심지 건축공사에서 레미콘 공장이 도심 밖에 있어 특히 Rush hour에 갇힐 경우라든가, 레미콘 공장으로부터 원거리가 되는 산간벽지에 건설공사를 실시하는 경우, 육지로부터 멀리 떨어진 섬에서 바지선으로 레미콘 트럭을 싣고 운반하는 경우 등은 규정된 시간 내 레미콘을 운반하기 곤란한 상황도 존재합니다. 이러한 경우는 공사현장에 배쳐플랜트를 설치하고 레미콘을 생산하든지 혹은 특별한 조치를 강구하고 레미콘을 운반하여야 합니다.

따라서 시방서에는 '양질의 지연제 등을 사용하여 응결을 지연시키는 등의 특별한 조치를 강구한 경우에는 콘크리트 품질변동이 없는 범위 내에서 책임기술자의 승인을 받아 이 시간제한을 변경할 수 있다.'라고 규정하고 있습니다.

참고로 귀사에서는 폴리카르본산계 고성능감수제를 사용하여 25-80-650 레미콘을 2시간 이상 유동성 유지가 가능하다고 설명하고 있는데, 특히 폴리카르본산계 고성능감수제는 감수성능과 유지성능을 발휘하는 2종류의 혼화제를 적절히 혼합하여 제조되는 것으로, 이 중 유지성능을 발휘하는 혼화제의 경우는 양호한 지연성능을 발휘함도 알려져 있음에 2시간까지 유동성이 유지된다면 2시간까지 레미콘을 사용하는 데에는 특별한 문제점은 없을 것으로 사료됩니다.

참고로 도서벽지 지역에 3시간까지 지연시켜 활용하고자 하는 경우도 연구된 바 있는 데 이와 같은 경우는 아래의 참고문헌을 참조하시기 바랍니다.

또 이 논문에는 5시간까지 장시간의 운반시간을 가질 때 레미콘에 발생하는 품질변화와 3시간까지 장시간 운반에 대응하기 위한 유동화제, AE제, 지연제 등을 첨가하여 품질을 회복시키는 내용을 담고 있습니다.

* 참고문헌

1) 한천구, 양성환, 황인성 ; 장시간 운반에 따른 콘크리트의 품질변화 및 품질회복제의 개발, 대한건축학회논문집, 구조계, 제21권, 제4호(2005. 4) pp.125~132

사진 1 레미콘차량에 의한 고강도콘크리트 운반 및 타설

4. 장시간 운반에 따른 레미콘의 품질변화

1. 서 언

우리나라의 서남해안지역은 지역 특성상 많은 섬들이 밀집되어 있어 인근 섬으로 바지선 등을 이용한 레미콘을 운반하여 건설공사를 시공할 경우라든가 또는 도심지의 교통혼잡 등에 의해 운반시간이 장시간 소요되는 경우에는 규정 운반시간을 초과하므로 시공이 불가능하거나 콘크리트의 품질저하 문제가 발생할 수 있다. 따라서 불가능 문제의 해결, 저품질화 방지 및 폐기물 저감 차원에서 장시간 운반 및 타설시간 지연에 따라 저하된 콘크리트의 품질회복에 관한 기술개발이 요구되어 이 단원에서는 장시간 운반에 따른 레미콘의 품질변화에 대하여 기술한다.

2. 실험개요

장시간 운반에 따른 콘크리트의 경시변화 특성을 검토하기 위한 실험으로 W/C는 50% 1수준으로 하고, 목표 슬럼프는 150 및 210 mm의 2수준에 대하여 경과시간을 0, 0.5, 1.0, 1.5, 2.0, 3.0, 4.0, 5.0 시간의 8수준으로 품질특성을 분석하는 것으로 실험계획하였다.

단, 경시변화 실험은 레미콘 에지테이터 트럭을 이용하는 것이 기본이지만, 제반 여건상 그러지 못하고 실험실용 강제식 팬믹서를 사용하여 혼합한 후 고무제 용기에 배출한 다음 비닐로 상부를 밀봉한 후 배출 후 30분 경과마다 2분 정도 다시 교반한 후 품질실험을 실시하였다. 실험실 온도는 20±2℃로 유지하였다.

3. 굳지않은 콘크리트의 특성

그림 1, 2, 3은 굳지않은 콘크리트 특성으로 경과시간(운반시간)에 따른 슬럼프치, 공기량 및 응결시간을 나타낸 그래프이다. 경과시간 변화에 따른 유동성은 시간이 경과할수록 전반적으로 크게 저하하였는데, 이는 시멘트 화학성분 중 C_3A의 초기수화반응, 수분증발 및 AE감수제의 공기포 소실 등이 복합적으로 작용하여 나타난 결과로 사료된다.

또한, 슬럼프에 따라서는 목표 슬럼프 150 mm인 경우 경과시간 4시간에서 유동성이 전혀 발휘되지 않았지만, 목표 슬럼프 210 mm인 경우는 4시간까지 슬럼프가 20 mm 정도 유지되는 것으로 나타났다.

경시변화에 따른 공기량은 시간이 경과할수록 저하하는 것으로 나타났는데, 이는 갇힌 공기 및 AE제에 의한 연행공기가 응집력 저하로 소실된 것에 기인한 결과로 분석된다. 또한, 목표 슬럼프별에 따라서는 유동성에 관계없이 유사한 경향으로 공기량이 저하하였다.

목표 슬럼프치 변화에 따른 응결시간은 목표 슬럼프치가 클수록 지연되는 것으로 나타났는데, 이는 단위수량 증가에 의한 유동성 증가 및 상부 표면의 블리딩량 증가에 따른 W/C 증가에 기인하여 관입저항값이 작게 나타난 것으로 사료된다. 이때, 경과시간에 따른 응결시간으로 초결 및 종결은 비례적으로 빠르게 나타났는데, 이는 경과시간 0인 비빔 직후부터 시멘트의 잠복기(Dormant period)가 응결기(Setting period)로 이행됨에 따라 콘크리트의 타설시점 차이에 기인하여 초결 및 종결시간이 빠르게 나타난 것으로 분석된다.

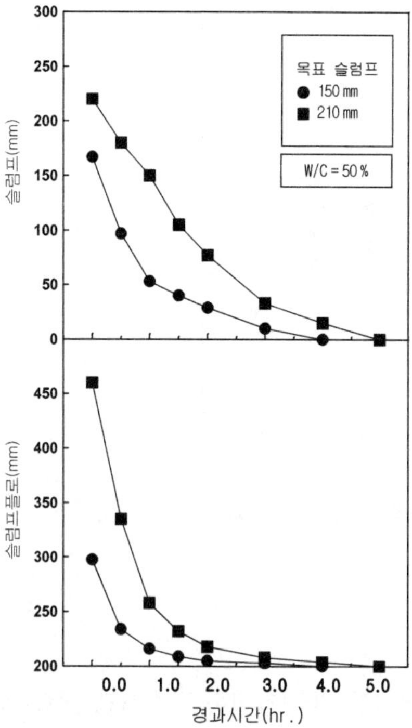

그림 1 경과시간에 따른 슬럼프 및 슬럼프플로치

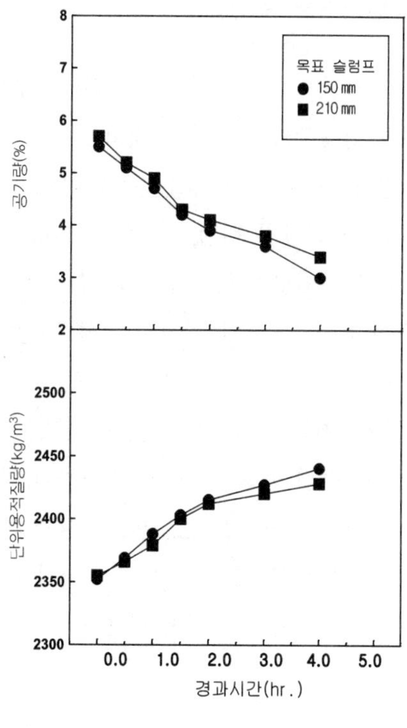

그림 2 경과시간에 따른 공기량 및 단위용적질량

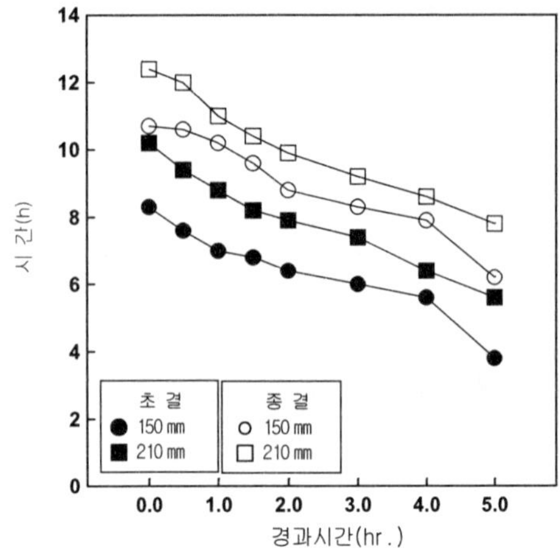

그림 3 경과시간에 따른 초결 및 종결시간

4. 압축강도 특성

그림 4는 목표 슬럼프 및 재령별 경과시간 변화(레미콘 운반시간 경과)에 따른 압축강도를 나타낸 것이다.

전반적으로 압축강도는 목표 슬럼프 150 mm인 경우 3시간, 210 mm인 경우는 4시간까지 비빔 직후와 비교하여 10~30 % 만큼 비례적으로 증가하는 것으로 나타났는데, 이는 시간경과에 따른 공기량 감소 및 수분 증발에 의한 W/C 감소 등의 원인으로 사료된다.

반면, 목표 슬럼프별 3시간 또는 4시간 이상 경과한 시점부터는 압축강도가 급격히 저하하였는데, 이는 슬럼프값이 작아 유동성이 발휘되지 않으므로 공시체 성형이 불충분함에 기인하여 압축강도가 저하된 것으로 분석된다.

이상의 결과를 보면, 결국 장시간 운반된 레미콘의 경우 유동성 및 공기량을 회복시켜주고 지연제로 응결시간을 지연시켜 줄 수만 있다면 압축강도 측면에서는 문제가 되지 않는다.

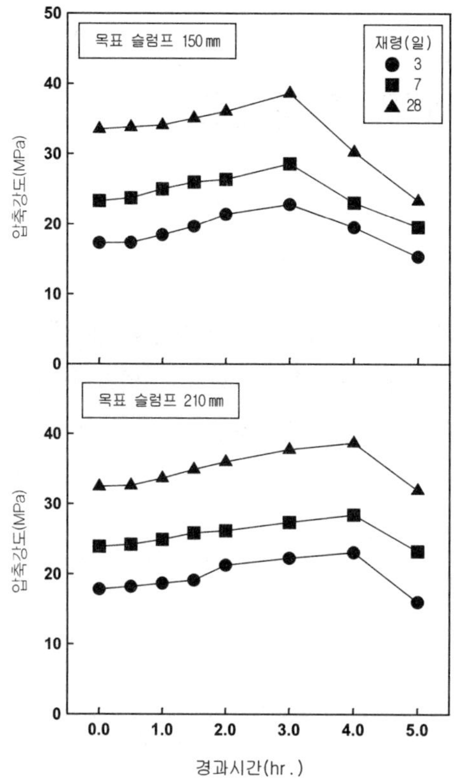

그림 4 재령별 경과시간에 따른 압축강도

5. 콘크리트의 층이음 균열

1. 서 언

○○법원에서는 계류중인 아파트 외벽에 발생한 층이음 균열의 하자 사건과 관련하여 ○○학회로 사실조회가 촉탁되었다. 따라서 이 단원에서는 상기사건과 관련하여 학회의 견해를 본인이 회신한 바 있음에 그 내용에 대하여 기술하여 본다.

2. 사건조회 사항

*** 사건 개요**

사건 구조물	○○아파트
규 모	12개동 1050세대
사용 검사일	2004. 7. 2.
논란이 되는 층이음 균열	12,750.87 m

[조회할 사항-1] 층이음 균열의 발생원인

이 사건 아파트와 같이 신축아파트공사시 구조체 형성 과정을 살펴보면, 먼저 기초공사 후 지하구조물을 형성하고 차례로 1개 층씩 콘크리트를 분리타설하게 되는 데, 1개 층의 구조체를 형성하기 위해서는 ① 거푸집 설치, ② 콘크리트 타설, ③ 양생, ④ 거푸집 철거 등의 과정을 거치게 되는 바,

1차로 콘크리트를 타설하여 일정시간이 경과한 후 양생된 부위에 2차적으로 콘크리트를 타설하는 층간분리 타설 공법으로 인해 100% 접착은 불가능하므로 층조인트 부위에서 미세균열의 발생은 필연적이라 사료되는 바, 귀 학회 전문인께서는 층조인트 부위에 발생한 균열의 원인은 무엇이라고 생각하시는지 구체적으로 회신하여 주시기 바랍니다.

[조회할 사항-2] 층이음 균열의 하자 범위 여부

아울러 이와 같은 층이음 균열을 시공상 하자의 범위로 보아야 하는지 귀 학회의 견해를 회신하여 주시기 바랍니다.

3. 회신사항

1) 층이음 균열의 발생원인

콘크리트 층이음 균열은 먼저 시공한 무기재인 굳은 콘크리트면 위에 후속공정으로 묽은 콘크리트를 부어 넣는 이어치기에 의해 생긴 것으로 이 부분은 액체와 같이 일체화되지 못해 자연환경 변화 속에서의 온도변화, 건조수축 등에 의해 미세한 균열(일명 : Construction joint라고 함)이 생길 수 있습니다. 이에 관한 균열을 방지하기 위하여 건축공사표준시방서의 제5장 콘크리트공사 중 3.3.4 타설이음에는 다음 표 1과 같이 표준을 기술하고 있습니다.

표 1 건축공사 표준시방서 규정

3.3.4 타설이음
가. 타설이음부의 위치, 형상 및 처리방법은 구조내력 및 내구성을 손상하지 않는 것이어야 하고 공사시방서 또는 설계도면서에 의하여 정한다. 공사시방서 또는 설계도면서에 규정되어 있지 않는 경우에는 다음 나~라에 의해 필요한 사항을 정하여 담당원의 승인을 받는다.

가. 〈생략〉

나. 콘크리트의 타설이음면은 레이턴스나 취약한 콘크리트 등을 제거하여 새로 타설하는 콘크리트와 일체가 되도록 처리한다.

다. 타설이음부의 콘크리트는 살수 등에 의해 습윤시킨다. 다만, 타설이음면의 물은 콘크리트 타설 전에 고압공기 등에 의해 제거한다.

라. 타설이음부의 일체성 확보 또는 수밀성 확보를 위하여 특별한 조치를 강구하는 경우에는 적절한 방법을 정하여 담당원의 승인을 받는다.

마. 〈이하 생략〉

2) 층이음 균열의 하자범위 여부

하자란 그 구조물이 설계의도(구조, 방수, 단열, 외관 등)에 못미치게 시공된 경우를 말하는 것으로, 층이음 균열의 경우에는 전술한 건축공사 표준시방서의 타설이음 규정에 따라 실시하였음에도 불구하고 균열이 발생한 경우는(이 경우는 대부분 허용균열폭 이하가 됨) 하자로 볼 수 없고, 건축공사 표준시방서의 타설이음 규정을 준수하지 않아 발생한 균열의 경우는(이 경우는 대부분 허용균열폭 이상이 됨) 하자로 볼 수 있습니다.

이때 건축공사 표준시방서의 타설이음 규정을 준수하였는지 여부는 시공시의 기록 및 사진 등이 참조될 수 있는 데, 이를 명확히 규명하기 위해서는 전문진단기관의 진단에 따라 판명될 수 있습니다.

표 2 철근콘크리트구조물의 허용균열폭 ω_a(mm)

강재의 종류	강재의 부식에 대한 환경조건			
	건조 환경	습윤 환경	부식성 환경	고부식성 환경
철근	0.4 mm와 $0.006C_c$ 중 큰 값	0.3 mm와 $0.005C_c$ 중 큰 값	0.3 mm와 $0.004C_c$ 중 큰 값	0.3 mm와 $0.0035C_c$ 중 큰 값
프리스트레싱 긴장재	0.2 mm와 $0.005C_c$ 중 큰 값	0.2 mm와 $0.004C_c$ 중 큰 값	–	–

여기서, C_c는 최외단 주철근의 표면과 콘크리트 표면 사이의 콘크리트 최소 피복두께(mm)

참고로 시방서 규정 준수가 명확하지 않은 경우 허용균열폭의 경우는 한국콘크리트학회편 콘크리트 구조설계기준의 부록 V 균열검증에 다음 표 2와 같이 규정하고 있습니다.

이때, 강재의 부식에 대한 환경조건의 구분은 다음 표 3과 같습니다.

표 3 강재의 부식에 대한 환경조건의 구분

구분	내용
건조 환경	일반 옥내 부재, 부식의 우려가 없을 정도로 보호한 경우의 보통 주거 및 사무실 건물 내부
습윤 환경	일반 옥외의 경우, 흙 속의 경우, 옥내의 경우에 있어서 습기가 찬 곳
부식성 환경	1. 습윤환경과 비교하여 건습의 반복작용이 많은 경우, 특히 유해한 물질을 함유한 지하수위 이하의 흙 속에 있어서 강재의 부식에 해로운 영향을 주는 경우, 동결작용이 있는 경우, 동상방지제를 사용하는 경우 2. 해양콘크리트구조물 중 해수 중에 있거나 극심하지 않은 해양환경에 있는 경우(가스, 액체, 고체)
고부식성 환경	1. 강재의 부식에 현저하게 해로운 영향을 주는 경우 2. 해양콘크리트구조물 중 간만조위의 영향을 받거나 비말대에 있는 경우, 극심한 해풍의 영향을 받는 경우

일례로 벽식구조 아파트의 외벽으로 마감이 없을 경우는 건축공사 표준시방서 제5장 3.5.2 피복두께 규정에 따라 40 mm 이상이 되어야 하는데, 이 경우는 표 2 중 습윤 환경으로 허용균열폭은 0.3 mm와 0.005×40＝0.2 mm 중 큰 값으로 0.3 mm가 됩니다.

따라서 전문진단기관의 진단이 있어 그에 의해 하자범위가 결정된다면 그에 따르겠지만, 진단이 없는 경우는 0.3 mm 이상의 균열인 경우는 하자로, 그 이하인 경우는 하자가 아닌 것으로 판단하는 것이 합리적일 것으로 사료됩니다.

6. 온도차와 콘크리트의 균열

1. 서 언

콘크리트 실무에 있어서 자연현상을 잘 이해하는 것은 매우 중요한 일이다. 그렇게 되면(말도 안 되는 괴변이지만) 무생물인 콘크리트와 대화하는 것까지도 가능하지 않을까 싶다.

이 단원에서는 이와 같은 맥락에서 자연현상 중의 콘크리트에 부분적으로 온도차가 생겼을 때 발생하는 균열에 대하여 기술해 본다.

2. 발생 사례

사진 1 및 2는 평범하게 우리 주변에서 자주 볼 수 있는 콘크리트로 만든 쓰레기통이다. 그런데 사진에서 보는 것처럼 쓰레기통 외부에 위 아래로 잡아당겼을 때 발생한 것과 같은 매우 큰 폭의 인장균열이 발생하였다. 그렇다면 무엇이 잡아당겨 이와 같은 균열을 발생시킨 것일까?

또한 사진 3 및 4는 보일러를 가동하여 난방할 때 연소가스를 배출시키기 위하여 만들어진 굴뚝이다. 그런데 굴뚝에도 사진에서 보는 바와 같이 옆에서 잡아당긴 것과 같은 위에서 아래로 균열이 발생하고 있다. 이 사진에서는 보이지 않지만 어느 굴뚝에서는 가로세로 그물망 모양의 균열이 발생한 경우도 있다. 그렇다면 이와 같이 굴뚝에 발생한 균열의 원인은 무엇일까?

사진 5 및 6은 필자가 수행했던 실험연구 중의 한 부분으로 80 MPa의 초고강도 콘크리트에 내부에 침대 등 가재도구를 갖춰놓고 인위적으로 불을 나게 하여 콘크리트의 거동을 살펴본 실험체이다.

사진 1 콘크리트 제품의 쓰레기통

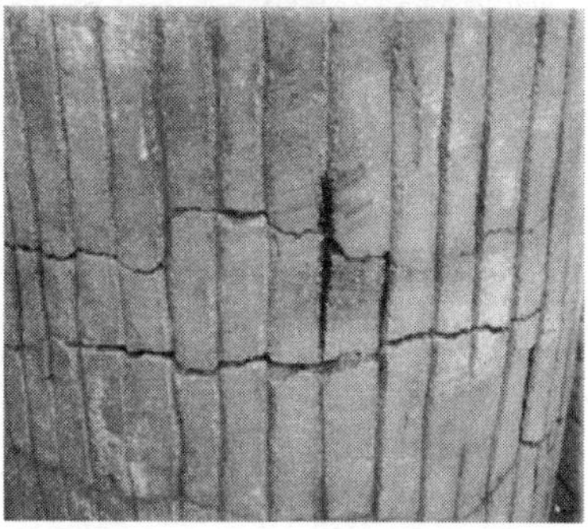

사진 2 쓰레기통에 발생한 균열

사진 3 건축물 굴뚝에 발생한 균열

사진 4 굴뚝에 발생한 균열

사진 5 초고강도 콘크리트 화재시험

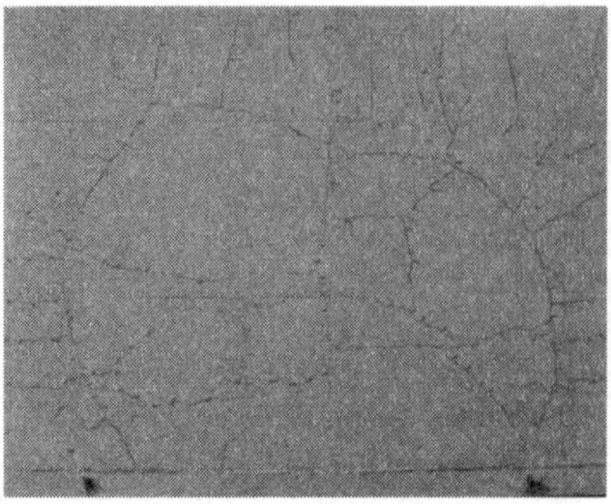

사진 6 화재시험 후 콘크리트 표면에 발생한 균열

실험결과 초고강도 콘크리트 벽체에서 사진 6과 같이 불규칙하게 다량의 균열이 발생하였다. 역시 벽체에 발생한 균열 원인은 무엇이고 어떻게 설명될 수 있을까?

3. 균열원인 및 대책

위의 사례에서 발생한 모든 균열은 결론적으로 먼저 언급한다면 콘크리트의 내부와 외부간에 온도차가 생겨서 나타난 온도차 균열이다.

즉 쓰레기통의 경우 쓰레기를 담아두는 용도로만 사용해야 함에도 불구하고 불이 붙은 담배꽁초를 버리는 부주의든 쓰레기 처리를 쉽게 하기 위하여 일부러 불을 낸 경우이든 불을 낸 것이 문제이다. 혹자들은 콘크리트로 만들어졌으니까 콘크리트가 불에 탈리 없으므로 별다른 문제가 없을 것으로 생각한다. 그러나 이 경우 균열원인은 불이 난 쓰레기통의 내부는 고온이 되어 콘크리트가 팽창하는 반면에 쓰레기통 외부는 온도가 상대적으로 낮아 내부만큼 팽창하지 않음에 결국 내부 팽창력이 표면부 콘크리트를 잡아당기는 인장응력으로 작용하여 균열이 발생하게 된 것이다. 결국 이와 같은 온도차에 의한 균열은 사진 3의 굴뚝의 경우도, 사진 5의 초고강도 콘크리트 벽체인 경우도 마찬가지 원리이다.

결국 이와 같은 원리는 매스콘크리트의 내부구속 수화열 균열 원인과도 맥을 같이 한다. 즉 두께가 두꺼운 매스콘크리트의 경우, 중심과 표면 모두 시멘트 수화발열에 의해 온도가 같이 상승하게 되지만 표면부의 경우는 내부와 달리 외기온에 의해 냉각되면 중심부는 온도가 높고, 표면부는 온도가 낮아 결국 쓰레기통 안에 불이 난 것처럼 되어 표면에 균열이 발생한다. 특히 매스콘크리트는 수화열을 식혀주어야 한다는 잘못된 지식으로 표면에 냉수를 뿌려주면 중심과 표면 간에는 더 큰 온도차가 발생하여 균열은 더욱 크게 발생한다. 이런 경우 무엇보다 중요한 것은 저발열배합으로 온도가 상승되지 않게 하고(쓰레기통이나 건물이라면 불을 내지 않음) 또한 불과 관계 있는 굴뚝 구조물인 경우는 안쪽으로, 매스콘크리트와 같은 경우는 바깥쪽으로 단열을 철저히 하여 중심과 표면 간에 온도차가 발생하지 않도록 하는 것이 요점이다.

7. 콘크리트의 크리프(Creep) 파괴

1. 서 언

상당기간 지난 일이지만, 준공 후 약 14년된 국내 모 주상복합 건축물의 지하 3층 주차장에서 사진 1과 같이 여러 개의 기둥 중 1개의 기둥이 갑자기 큰 붕괴음과 함께 압괴현상을 보인 적이 있다. 당시 안전진단기관에서 압괴원인 분석과정 중 필자에게 왜 14년간 멀쩡하다가 이제 와서 이런 일이 발생하였으며, 발생 원인이 무엇인지 자문을 의뢰한 바 있음에 이 단원에서는 이와 같은 파괴현상의 원인에 대하여 기술해 본다.

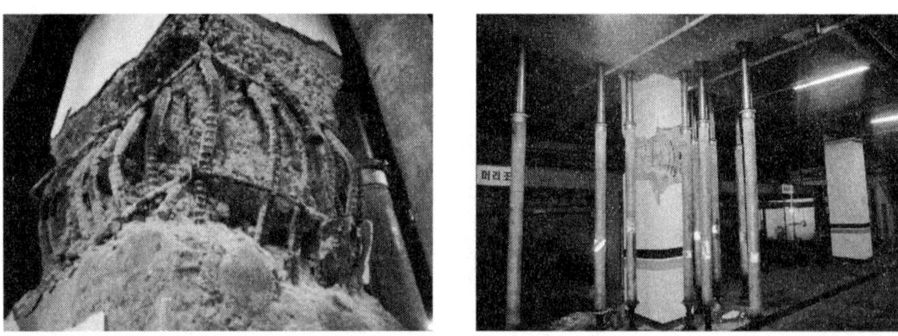

사진 1　기둥의 압괴파괴 모습

2. 크리프 현상

재료나 구조물에 하중을 가한 경우 파괴하중 이상의 하중이 가해지면 당연히 파괴된다. 그러나 파괴하중 이하로서 예를 들면 그림 1의 ②와 같이 90 % 정도 하중이 작용하면 순간적으로는 파괴되지 않을지라도 이와 같은 하중이 장기간에 걸쳐 작용하게 되면 초기에는 큰 변형이 발생한 후 후기로 가면서 완만해지다가 어느 시점에 가면 급격히 변형이 진행되어 파괴상태에 이르게 된다. 이러한 현상을 크리프(Creep) 파괴라 한다.

그런데 재료나 구조물에 가한 응력이 그림 1의 ①과 같이 어느 값 이하가 되면 초기에는 변형이 어느 정도 크게 진행되다가 어느 단계에서는 완만하게 변형이 진행되고, 또 그 이후 단계에서는 아무리 시간이 경과해도 변형은 증가하지 않고 안착되어 파괴에 이르지 않게 되는데, 이러한 아무리 오래 두어도 파괴되지 않는 응력의 한계를 크리프 한도라고 한다. 이 크리프 한도는 재료의 허용응력도를 결정하는 매우 중요한 요인이 된다.

3. 기둥압괴의 원인

대상 건축물의 기둥이 준공 후 14년이 경과된 시점에서 갑자기 큰 붕괴음과 함께 압괴현상을 보인 것은 크리프(Creep)현상에 의한 파괴로 분석 된다. 즉 그림 1의 ①곡선과 같은 경우는 정상적인 콘크리트 구조체로 문제가 되지 않지만, ② 곡선과 같은 경우는 초기하중이 파괴하중에는 다다르지

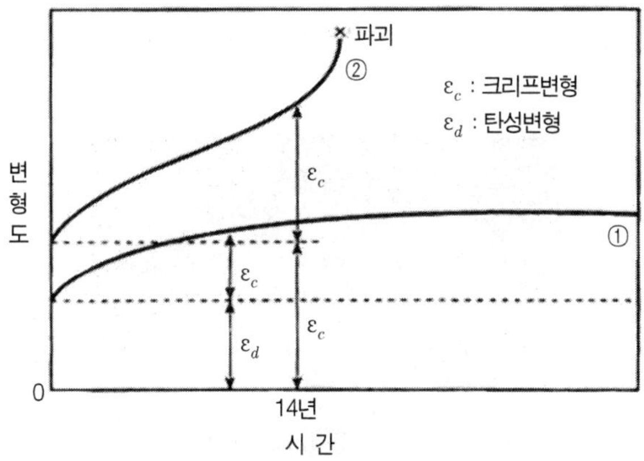

그림 1 콘크리트의 크리프 현상

않았을지라도 장기간 경과 후 어느 시점 이후(본 구조물인 경우는 14년) 갑자기 변형이 증가하면서 항복상태를 이루는 압괴의 파괴모드가 된 것으로 사료된다.

압괴의 파괴모드에 이른 것의 원인은 크게 다음의 2가지 측면에서 고찰해 볼 수 있다.

① 과다응력의 집중

② 부재의 내력저하

먼저 과다응력의 집중은 한 열 혹은 일정한 패턴으로 전개되는 것이 일반적이다. 일례로 부분적인 지내력 차이에 따른 부동침하라든가, 한 층의 일부 부분은 A 레미콘사, 또 다른 부분은 B 레미콘사가 타설된 경우 사용재료 및 배합조건의 상이에 기인한 탄성계수 차이로 경계면에서 기둥, 보 등에 전단균열 등 결함이 발견될 수 있다. 그러나 본 대상구조물의 경우는 중간부에 위치한 한 개의 기둥으로 이 부분에만 과다응력이 집중되었다고 보기는 곤란하다.

따라서 본 압괴의 파괴모드는 해당 기둥부재의 내력저하로 평가할 수밖에 없다. 즉 파괴 부분인 사진 2에서 보여지는 바와 같이 압괴 부분에서의 콘크리트 강도저하를 지적하지 않을 수 없다. 아마도 압괴 부분 콘크리트의 압축강도는 일반콘크리트 압축강도의 1/3 이하, 즉 10 MPa도 되지 않을 것으로 추측된다.

사진 2 압괴 부분의 콘크리트

가능성 있는 시나리오는 다음의 두 가지로 나누어 볼 수 있다.

① 버림콘크리트 등 저품질 레미콘 타설

② 휴지시간 후 재료분리된 재료(모르타르 혹은 굵은골재) 유입

먼저, 첫 번째의 가정은 해당 부분에 타 현장으로 가는 버림 콘크리트 등 저품질의 레미콘이 타설된 경우인데, 이 경우는 최소한 레미콘 한 트럭분이 불량으로 나타난다. 그러나 주변 상황으로 보면 그렇지는 않은 것 같아 이를 원인으로는 볼 수 없다.

그렇다면 두 번째의 경우로서 이는 침하균열을 방지하기 위하여 일반적으로 기둥의 콘크리트를 먼저 타설하고, 보, 슬래브 등의 순으로 돌려치기하는데, 당 현장의 경우 해당 기둥을 완전히 타설하지 않고 2/3 혹은 3/4 정도 위치에서 휴식시간 혹은 펌프의 폐색사고 등으로 작업이 중지되었다. 작업이 중지된 상황이면 상부로 블리딩수가 떠올라 상부 콘크리트는 W/C가 커져서 강도가 저하될 수 있다. 더욱이 그 위에 휴지시간 후 해당 기둥 부위부터 일체화되게 콘크리트를 부어넣었더라면 문제가 적었을테지만, 다른 보부터 콘크리트를 부어넣는 상황이면, 특히 가수 등으로 묽은비빔이 된 콘크리트의 경우, 재료분리된 페이스트 혹은 모르타르 부분이 높이가 낮은 기둥 부분으로 밀려들어가 강도 및 탄성계수가 작은 기둥 부위를 만들 수 있다. 또한 기둥타설 중 펌프가 폐색되었다면, 펌프 폐색 수리 후 펌프 유연제를 이용하거나 혹은 시멘트 모르타르를 선송시킴에 따라 강도 및 탄성계수가 작은 모르타르 성분이 집중적으로 타설될 수 있는데, 이러한 상황이면 위와 같은 사고를 일으킬 수 있다.

따라서 이와 같은 상황이 자주 발생하는 것은 아닐지라도 재발방지를 위해서는 시공과정에서 기능공의 품질에 대한 철저한 이해가 필요하고, 또한 시공현장에서 전문 콘크리트 기술자가 전 과정을 면밀히 시공관리하는 것이 필요한데, 유감스럽게도 인건비 절감이며 사무실 일이 바쁘다는 이유로 현장콘크리트 기술자로부터 관리되지 않고 콘크리트가 타설되는 경우도 가끔 발생하고 있는데, 이는 안타까울 따름이다.

8. 콘크리트의 탄성수축차에 의한 균열

1. 서 언

국내 모 건설사의 ㅇㅇ지역에 시공 중인 고층 아파트에서 고층부와 저층부(지하주차장)의 연결 위치에 사진 1과 같은 균열이 발생하여 문제시된 적이 있다.

이 단원에서는 이와 같은 아파트의 균열원인 분석에 대하여 본인이 소견서로 작성해 준 사례가 있는데, 이를 중심으로 하여 탄성수축차에 의한 균열을 소개해보고자 한다.

사진 1 내부 균열

2. 균열발생원인

소견 대상 아파트의 시공 중 발생한 벽체의 균열은 고층부와 저층부가 연결되는 부분으로 이질응력에 따른 탄성수축차에 의한 균열이 기본이 되고,

부가적으로 크리프현상 및 기타 환경요인도 복합된 원인으로 사료된다.

즉 고층부와 저층부가 연결되는 부분은 동일 단면적인 경우 고층부에서는 하중이 크게 되고, 저층부에서는 하중이 작게 되어 그림 1과 같이 큰 하중인 경우 일차적으로 탄성적인 측면에서 먼저 큰 수축이 발생하고, 시간이 경과하면서 크리프(Creep)수축과 건조수축도 복합되어 큰 수축량의 차이가 발생하게 되는데, 이와 같이 발생하는 수축량의 차이가 전단응력으로 작용하여 콘크리트의 전단강도를 초과하게 되면 균열로 발생하게 된다. 좀 더 상세한 설명으로, 그림 1의 Ⓐ부분만을 떼어 그림 2와 같이 표현할 때, 동일 탄성계수를 갖는 콘크리트 구조체인 경우 고층부의 큰 응력이 작용하는 부분에서는 그림 3의 (a)와 같이 큰 변형인 큰 탄성수축이 발생하고, 저층부의 작은 응력이 작용하는 부분에서는 그림 3의 (b)와 같이 작은 변형인 작은 탄성수축이 발생한다. 이와 같은 탄성수축 차이는 결국 콘크리트 벽체를 자르려고 하는 전단력으로 작용하는데 콘크리트가 저항할 수 있는 전단내력 이내의 값이라면 콘크리트에는 균열이 발생하지 않지만, 그 이상이 되면 공사가 진행되는 기간에 균열로 나타나게 된다.

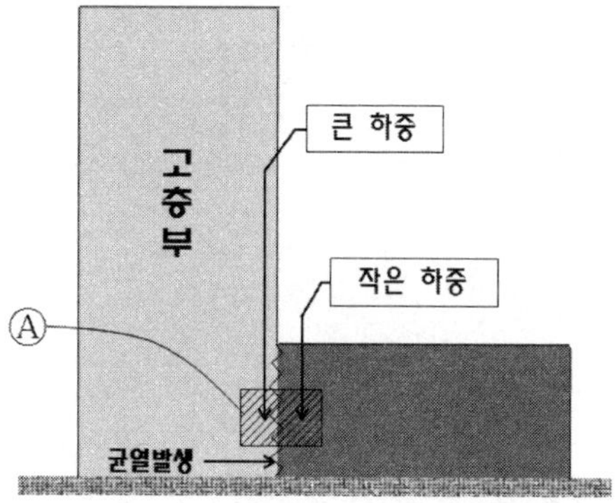

그림 1 고층부와 저층부 간의 수축거동 비교 모식도

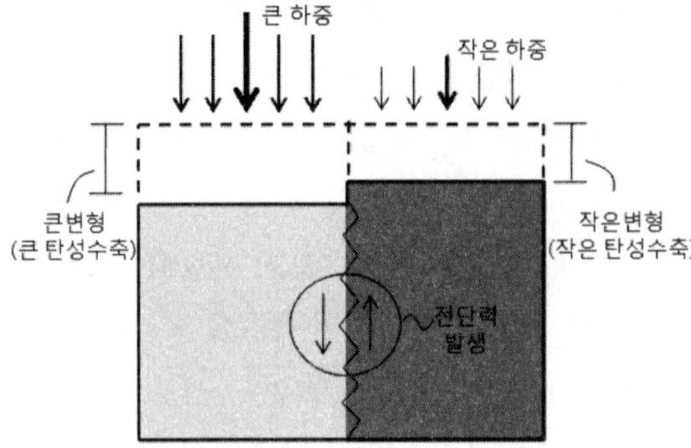

그림 2 Ⓐ 부분의 응력 모식도

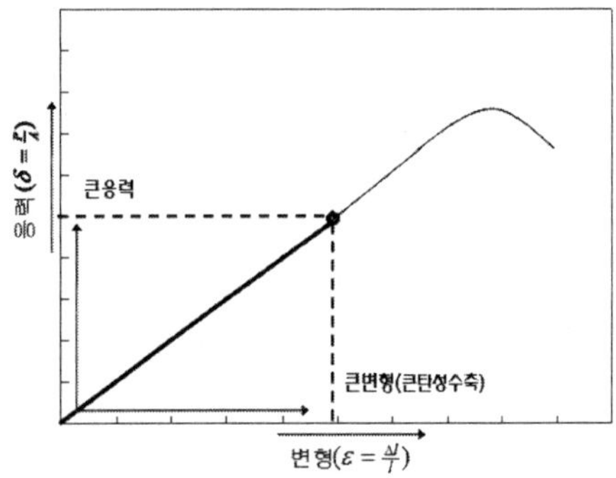

(a) 고층부의 경우

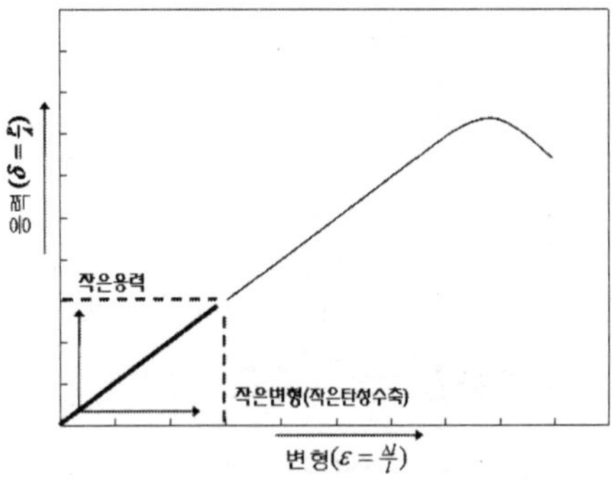

(b) 저층부의 경우

그림 3 Ⓐ 부분의 응력 모식도

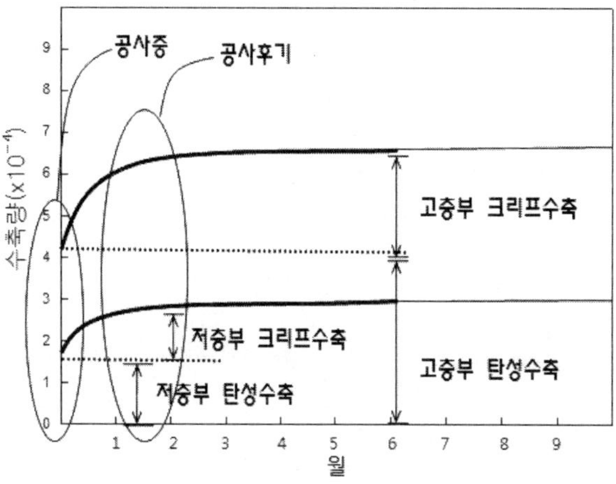

그림 4 탄성수축 및 크리프수축의 복합 예

그러나 골조가 모두 완성되고 어느 정도 시간이 경과한 시점에서 균열이 발생하였다면 그림 4와 같이 크리프 수축이 추가되는데(크리프현상 관련은 전 단원 참조) 역시 고층부의 큰 응력이 작용하는 곳에서는 작은 응력이 작용하는 곳보다 더 큰 크리프 수축이 발생하게 되어 탄성수축과 크리프 수축의 합력으로 균열이 발생하게 되는 것이다.

그러나 균열원인은 언제나 한두 가지 원인에서만 발생하는 경우는 많지 않고, 상기의 균열은 1차적으로 탄성수축차 및 크리프수축에 의한 응력차에 의한 전단균열이겠지만, 그 이후는 균열 부위가 Weak Point(약점)가 되어 콘크리트의 건조수축, 온도변화에 따른 선팽창거동, 지반침하(암반인 경우는 확률이 낮음), 타설콘크리트간 혹은 레미콘사간 배합 차이에 따른 콘크리트 물성 차이 등 무수히 많은 요인과도 연결되어 균열이 진전된다.

따라서 이와 같은 위치에서는 「건축구조학(장기인 저)」에서 언급하고 있는 표 1과 같이 신축줄눈을 설치해야 할 것으로 판단되지만 그렇지 않았음에, 1차적으로는 설계 측면에서 고려되지 않음이 아쉽게 느껴지고, 다음으로는 시공과정에서도 반드시 신경써서 검토 및 고려되어야만 할 사항이다.

표 1 신축줄눈을 설치해야 하는 위치

구 분
① 기존 건물과 증축건물의 접합부 ② 저층의 긴 건물이 고층건물과의 접촉부 ③ 건물의 한 끝에 달린 날개형 건물 ④ 50~60 m를 넘는 긴 건물 ⑤ 두 고층 사이에 있는 긴 저층건물 ⑥ 평면이 ㄴ·ㄷ·T 형의 교차 부분
비 고
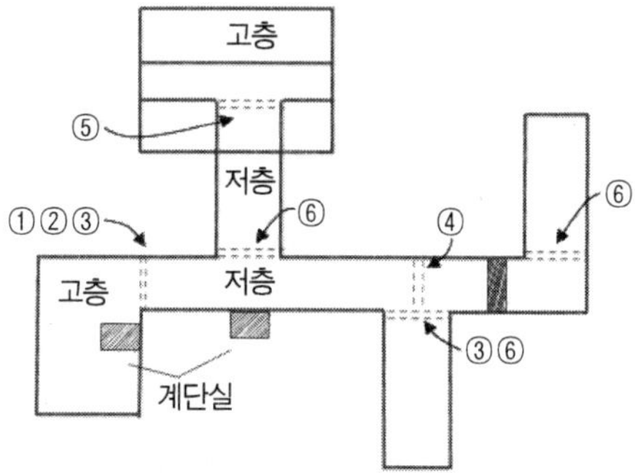

참고로 이와 같은 현상은 또 다른 구조에서도 발생할 수 있는데, 일례로 초고층 주상복합 아파트의 경우 코어월 선행공법으로 철근콘크리트구조체가 먼저 시공되고, 후속하여 철골구조로 주변부가 시공될 때, 두 구조의 접합부에서도 이와 같은 하중 차이 및 철근콘크리트와 철골구조 간의 탄성계수 차이 및 콘크리트의 건조수축 등과 연관되어 균열이 발생할 수 있다. 따라서 이와 같은 부분에서는 변형을 흡수할 수 있도록 슬롯(길게 홈을 파두는 것)을 설치하고 가조립한 다음 상당기간 공사가 진행된 후 변형이 정지되었을 때 완전히 고정시켜야만 접합부에 발생하는 균열을 방지할 수 있다.

9. 균열에 있어 시공시기의 영향

1. 서 언

물을 이용하여 제조하는 시멘트 모르타르 및 콘크리트에 있어 균열문제는 풀리지 않는 영원한 숙제일지도 모른다. 건조수축, 수화작용, 온도변화 등이 중요한 미지수의 요인일 수도 있는 데, 이 단원에서는 일본건축학회 구조계 논문집(2012.3)에 오구보 다가아키(大久保 孝昭) 외 2인이 게재한「바탕 콘크리트에 구속되어진 미장 모르타르의 균열에 영향을 미치는 시공시기의 영향」에 실린 내용을 인용하여 모르타르 및 콘크리트 균열에 있어서 시공시기 영향의 중요성에 대하여 기술해 본다.

2. 실험내용 개요

본 연구에 이용한 시험체의 형상은 그림 1과 같다. 시멘트 모르타르 미장 바름 부분은 개구부를 갖는 외벽을 모델화한 형상이다. 즉 시험체는 넓이 300×300 mm 기반 콘크리트의 중앙부에 100×100 mm 부분을 빼고 주위 부분에 두께 10 mm의 미장 모르타르를 바름하였다. 또한 모르타르 외주부에는 수축균열이 발생하기 쉽도록 4개소에 돌기물을 설치하였다.

미장 모르타르는 시멘트 혼화용 폴리머 디스퍼션으로 EVA를 혼입한 모르타르(보통 모르타르)와 수축저감제를 혼입한 모르타르(수축저감 모르타르)의 2종류로 하였는데, 공히 목표 플로치는 170±10 mm로 설정하여 배합하였다. 모든 재료, 시공방법, 시공자는 편차가 발생하지 않도록 동일조건으로 실험하여 실내 시험체와 옥외폭로 시험체로 구분하여 양생한 다음 균열을 조사하였다.

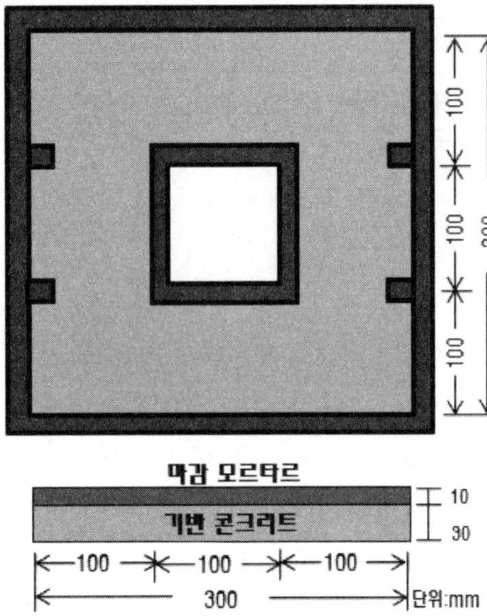

그림 1 시험체의 형상

3. 실험결과

전체 실험은 매월 실시하였지만 대표적으로 1월, 4월, 7월, 10월의 겨울, 봄, 여름, 가을인 조건에서 보통 모르타르와 수축저감 모르타르의 실내 시험체와 옥외폭로 시험체의 균열모습을 나타내면 그림 2 및 3과 같다.

시공 시기	실내 시험체	옥외폭로 시험체
1월 시공		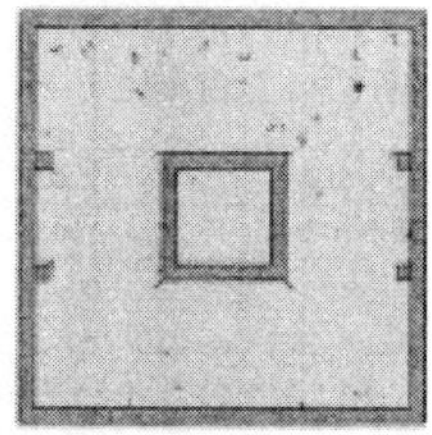
4월 시공	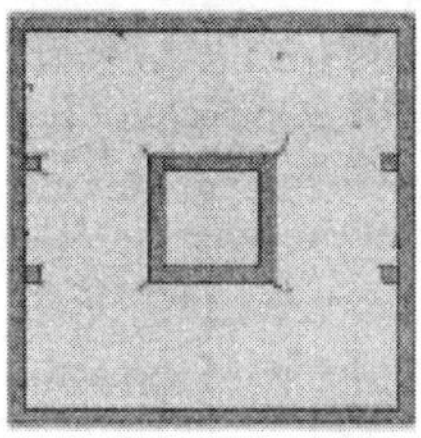	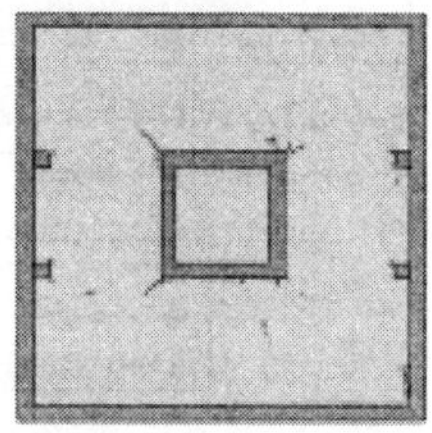
7월 시공	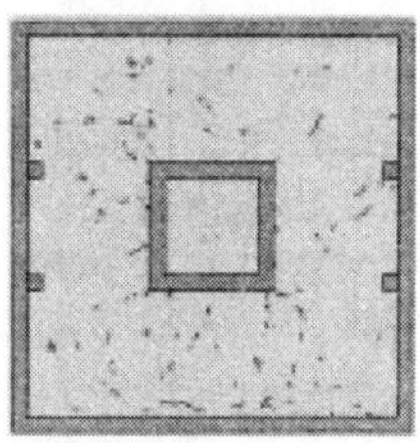	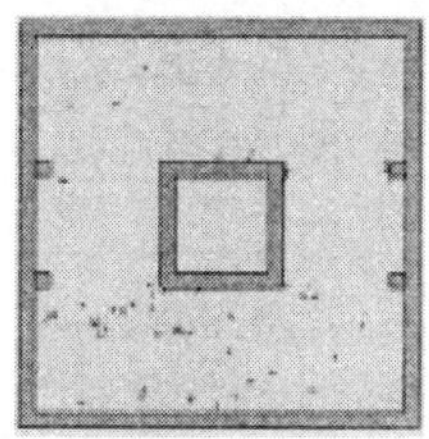
10월 시공	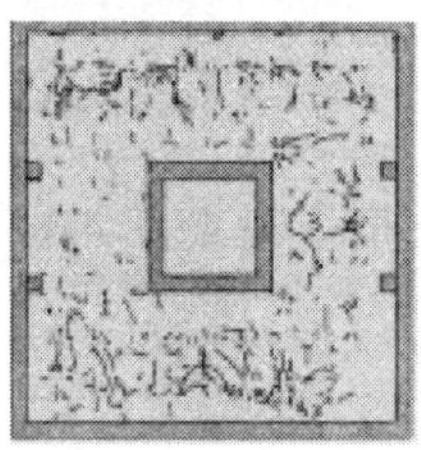	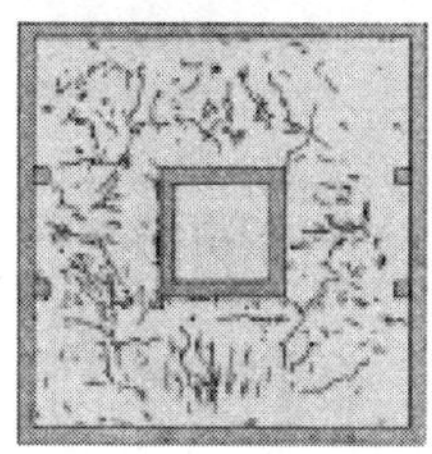

그림 2 보통 모르타르에 발생한 균열

시공 시기	실내 시험체	옥외폭로 시험체
1월 시공	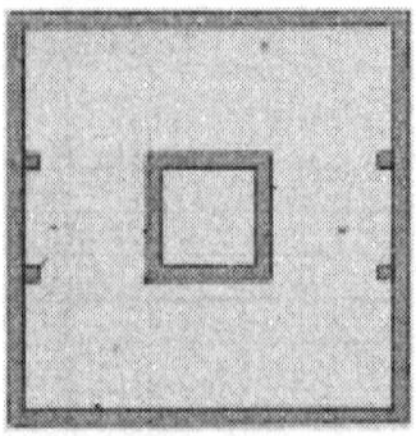	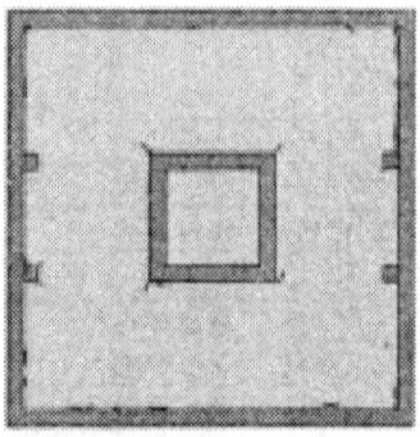
4월 시공	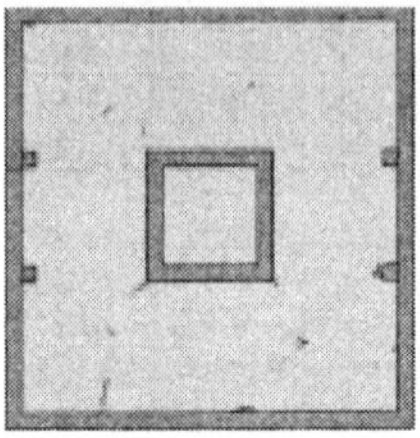	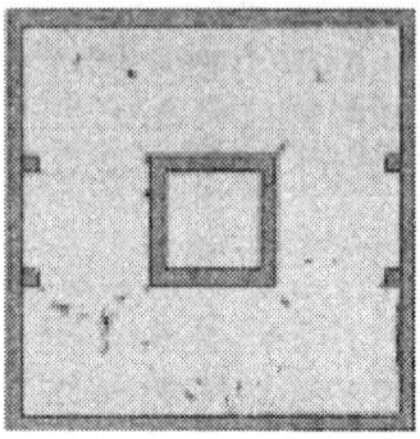
7월 시공	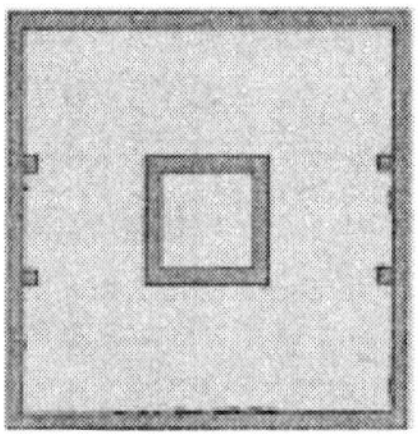	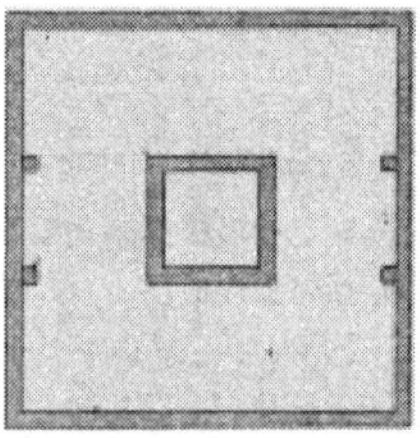
10월 시공	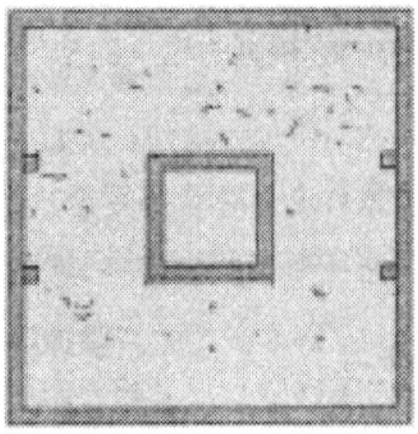	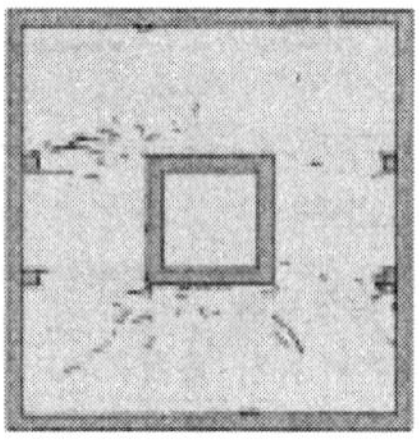

그림 3 수축저감 모르타르에 발생한 균열

보통 모르타르보다 수축저감 모르타르에서 균열이 작게 발생하였고, 양생 위치는 큰 차이는 아닐지라도 옥외폭로 시험체보다 실내 시험체에서 크게 발생하였다. 계절별에는 낮은 온도로 일정한 온도를 유지하는 1월(겨울철)

에서 균열이 제일 적고, 온도가 점점 상승하는 4월(봄)이 다음이고, 높은 온도로 일정온도를 유지하는 7월(여름)이 세 번째이며, 온도가 점점 낮아지는 10월(가을)이 가장 큰 균열을 나타내었다.

이는 시멘트 모르타르 및 콘크리트에 있어 계절적으로 발생하는 균열은 시공 후 2, 3개월 간에 기온이 저하하는 경우는 부재의 온도저하에 따른 수축이 건조수축에 더해져서 균열이 발생하기 쉽다는 것이다. 이와 같은 결과는 이전 연구인 콘크리트 부재에 관한 실험에서도, 또한 목조에 메탈라스를 치고 미장을 하는 목조 라스 모르타르의 균열실험에서도 시공시기의 영향은 무시되지 않을 정도로 크게 발생한다는 결과와도 일맥상통한다. 결국 우리말 4자 성어 중에서 '설상가상(雪上加霜)', 즉 엎친데 덮친다는 말과 같이 안 좋은 것이 겹쳐서 발생하는 상황을 설명하는 것이다. 즉 가을철은 기온이 점점 낮아지는 상황으로 콘크리트의 경우 1×10^{-5}/℃ 정도의 선팽창계수만큼 수축하는 상황에 모르타르가 또한 건조수축을 일으킴으로써 수축은 더욱 커짐에 따라 균열이 많이 발생하게 된다. 따라서 가을철 모르타르나 콘크리트공사는 어느 경우보다 균열발생이 용이하기 때문에 시공자 및 시공관리자는 계절 변화에 따른 균열발생 용이도를 충분히 숙지하고, 이런 시기에 시공할 경우 특별히 균열을 억제하기 위한 조치로서 단위수량 감소, 충분한 양생, 수축저감제나 팽창재 활용 등 균열 발생에 철저히 대비하는 지혜가 필요함을 잊지 말아야 할 것이다.

또한 우리의 일반적인 생활 속의 관념 중에서도 집을 지을 때는 가을집(가을에 공사하는)보다 봄집(봄에 공사하는)이 더 좋다고 하는 말도 있는데, 작업시간적인 이점(해가 길어지는) 이외에도 균열의 계절적 요인과도 밀접한 관계가 있음이 고려된 것이다.

10. 슬래브 및 보의 하부 거푸집 해체(Ⅰ)

1. 서 언

거푸집이란 타설된 굳지않은 콘크리트가 일정한 모양을 갖추도록 유지해 주는 가설재로서 주형(鑄型)의 역할이 기본이겠지만, 부수적으로는 충격이나 진동과 같은 외력으로부터 콘크리트를 보호하고, 수분을 유지시켜 계속적인 수화반응을 유도함과 동시에 겨울철에는 찬 외기온, 여름철에는 고온의 외기온 등 각종 외부요인으로부터 보호하는 보호재(保護材)의 역할까지도 담당한다. 따라서 거푸집은 튼튼하게 제작되어 소정기간 동안에는 안정적으로 존치되어야 하지만, 소정의 목적을 발휘한 다음에는 효율적인 전용 및 공기단축을 목적으로 빠른 시간에 해체되어져야만 한다.

그러므로 건설공사현장의 시공자측에서는 언제나 공기단축을 중요시함에 따른 빠른 해체, 감리·감독자측에서는 구조체의 품질 향상을 중요시함에 따른 장기존치 등으로 양측이 대립되는 경우가 가끔 발생하기도 함에 따라 이 단원에서는 이와 같은 거푸집 존치기간 문제를 표준시방서를 중심으로 고찰해보고, 합리적인 거푸집 존치기간의 적용을 제안해 보고자 한다.

2. 거푸집 해체(존치기간) 규정의 변천

우리나라의 거푸집 해체와 관련한 규정은 1961년 (사)대한토목학회 제정 콘크리트표준시방서와 1966년 (사)대한건축학회 제정 건축공사표준시방서 중 제5장 철근콘크리트공사에 최초로 규정되어 있었다.

두 규정은 일정한 주기마다 개정을 반복하며 발전하여 왔었는데, 1999년의 경우 국토교통부(당시 건설교통부)에서는 콘크리트학회 주관으로(건축 분야 5인, 토목 분야 5인으로 구성) 콘크리트 관련 규정을 일원화하도록 요구받아 콘크리트표준시방서를 제정하게 되었다. 하지만 (사)대한토목학회는 종전의 콘크리트표준시방서를 관리 이전하여 문제가 없게 되었지만, 건축학회의 경우는 유감스럽게도 콘크리트학회 제정 콘크리트표준시방서와 달리 건축공사표준시방서에 계속적으로 콘크리트 관련 규정을 유지하고 있음에 따라 혼란이 야기되고 있다.

특히, 이 중에서 기초, 보 옆, 기둥 및 벽의 거푸집널 존치기간과 같은 경우는 두 규정 공히 콘크리트의 압축강도가 5 N/mm^2 이상에 도달한 것을 확인하고 해체하는 규정 및 평균기온이 10℃ 이상의 경우 표 1의 규정 이상의 일수가 경과하면 압축강도시험을 하지 않고도 해체할 수 있는 규정은 모두 동일하다.

그러나 슬래브 및 보의 하부 거푸집 해체 가능 시기 규정은 건축학회와 콘크리트학회 규정이 상이한데 그와 관련하여 역사적인 규정 변천과정을 조사하여 정리하면 표 2와 같다.

표 1 기초, 보 옆, 기둥 및 벽의 측벽 거푸집의 해체 가능일수

시멘트의 종류 / 평균기온	조강 포틀랜드 시멘트	보통포틀랜드시멘트 고로슬래그시멘트(특급) 포틀랜드포졸란시멘트(A종) 플라이애시시멘트(A종)	고로슬래그시멘트(1급) 포틀랜드포졸란시멘트(B종) 플라이애시시멘트(B종)
20℃ 이상	2	4	5
20℃ 미만 10℃ 이상	3	6	8

표 2 슬래브 및 보의 하부 거푸집 해체 가능시기 규정의 변천

콘크리트표준시방서 (대한토목학회)	콘크리트표준시방서 (한국콘크리트학회)	건축공사표준시방서 제5장 철근콘크리트공사 (대한건축학회)
1961년 제정		1966년 제정
■ 거푸집 및 동바리 - 자중, 시공하중에 충분히 견딜 때 - 거푸집 및 동바리 해체시 구조물에 해가 가지 않도록 주의 - 거푸집 및 동바리의 해체시기와 순서에 대해서는 책임기술자의 승인		■ 거푸집 5℃ 이상 : 11일 18℃ 이상 : 9일 ■ 지주 - 배합강도 발휘 이후(하중이 설계하중의 1.5배 이하 시) - 일반층 6주, 상부하중 없는 층 4주
1969년 개정		
상동		
1978년 개정		1978년 개정
■ 거푸집 및 동바리 - 자중, 시공하중에 충분히 견딜 때 - 해설 : 교량, 건물 등의 슬래브 및 보의 하면 → 140 kgf/cm^2	〈기존 규정 없음〉	■ 거푸집 - 1종 : 특기시방에 따름 - 2종 시멘트 : 조강 / 보통 압축강도 : 설계기준강도의 50% 20℃ 이상 : 4 / 7 10~20℃ : 5 / 8 ■ 받침기둥존치 (2종) - 바닥, 지붕슬래브 : FC의 85% 이상 - 보 밑 : FC의 100% 이상
1988년 개정		
■ 거푸집 및 동바리 - 시멘트의 성질, 콘크리트 배합, 구조물의 종류와 중요도, 기타 고려 - 책임기술자의 승인 - 해설 : 상동		
1996년 개정		1986년 개정
상동	1999년 제정	상동
	■ 거푸집 및 동바리 - $2/3 f_{ck}$ 이상 다만, 140 kgf/cm^2 이상	1994년 개정
〈콘크리트학회로 관리이전〉	2003년 개정	■ 거푸집 : 받침기둥 해체 후 ■ 받침기둥 : FC의 100% 이상 - 구조계산에 의할 경우 조기해체 가능 최저 120 kgf/cm^2 이상
	상동	
	2009년 개정	1999년 개정
	■ 슬래브 및 보의 밑면, 아치내면 - $2/3 f_{ck}$ 이상 - 또한, 14 MPa 이상 ■ 동바리 해체 후 해당 부재에 가해지는 전하중이 설계하중을 초과하는 경우 → 구조계산 확인 → 책임기술자 승인 ■ 고층건물의 경우 최소 3개 층 동바리 설치	상동 2006년 개정 상동

11. 슬래브 및 보의 하부 거푸집 해체(Ⅱ)

1. 서 언

전 단원에서는 거푸집의 역할 및 거푸집 해체 규정의 변천에 대하여 조사해 보았다. 이 단원에서는 전 단원의 연속으로 거푸집 해체기간 설정의 현행규정을 비교한 다음 합리적인 거푸집 존치기간의 적용에 대하여 고찰해 보도록 한다.

2. 거푸집 해체 가능 기간의 비교

2009년 개정 한국콘크리트학회(KCI)의 콘크리트표준시방서에는 거푸집 및 동바리 해체에서 특히 슬래브 및 보의 하부 거푸집에 대하여는 표 1과 같이 규정되어 있고, 2006년 개정 대한건축학회의 거푸집 존치기간 관련 규정은 표 2와 같다.

3. 합리적인 거푸집 해체 가능 기간의 적용

전 단원에서 언급한 바와 같이 KCI에서 규정하는 콘크리트 표준시방서는 건축과 토목을 망라하는 시방서로서, 포괄적인 의미를 담아야 한다. 그러나 2009년 개정시방서에는 약간의 문제점을 안고 있다. 먼저 3.5.1 중 (1), (2)에 해당하는 문장은 1996년 개정판 대한토목학회(KSCE)에서 유래된 것으로 종전부터 KSCE에서는 (1), (2)의 원론적인 문장만 시방서 본문에 규정하였고 세부적인 내용은 해설에 기술하였으나 2009년판 KCI에서는 기본원칙적인 문장과 해설적인 문장을 하나로 서술하고 있음에 이와 같은 내용 간에는 구별해줄 필요가 있다.

두 번째로 슬래브 및 보의 하부 거푸집인 경우, 상부의 자중 및 작업하중 등의 종합하중을 얼마만큼 고려하는가의 구분에 관한 문제이다. 즉 전통적으로 교량이나 토목에서 고려하는 단층구조물인 경우 슬래브 및 보 밑 거푸집은 자중이 대부분이고 상부작업이나, 상층부를 받치는 동바리가 없는 상태로서 이 경우 하부 거푸집 탈형 시기는 14 MPa 이상이면 가능한 것으로 규정되어 왔었다.

그러나 건축구조물의 슬래브 및 보의 밑면 등 하부 거푸집인 경우는 자중 이외에도 직상부층 구조체를 받치는 동바리로부터 전해오는 하중이 설계된 적재하중값보다 크게 되는 경우가 많기 때문에 이는 단순히 며칠이라는 규정 혹은 설계기준강도의 몇 %라는 규정보다는 구조계산에 의하여 안전을 확인하는 것이 더욱 중요하게 되었다.

즉 KCI 시방서 중 표 4.3의 슬래브 및 보의 밑면, 아치 내면의 경우는 슬래브 상부에 작업하중이 없거나 경미한 작업하중이 작용하는 경우와 상부에 작업하중이 존재하지만 설계기준강도 이하인 경우 및 작업하중이 설계기준강도를 초과하는 경우로 구분하여 기술되어야 할 것으로 생각된다. 이와 같은 개념을 정리하면 표 3과 같다.

이 중에서 특히 근거도 확실치 않은 설계기준강도의 2/3배 이상의 규정은 건축과 토목이 합쳐지는 과정에서 건축의 특성을 일부 고려하기 위함인 것처럼 추측되지만, 정체불명의 엉거주춤한 고려는 재고되어야 할 것으로 사료된다.

특히 초고층 건축구조물의 경우 거푸집의 전용률을 늘리고, 콘크리트의 품질도 효과적으로 관리하기 위해서는 과학적인 접근이 요구된다. 즉 하부 거푸집 해체기간의 결정은 구조계산에 의해 과학적으로 관리되는 것이 기본이 되어야 할 것이며, 또한 이 경우 효율적으로 응용하는 방법으로는 Filler 거푸집을 설계하고, 또한 3개 층 이상에 동바리를 설치하도록 하는 안전조치가 이루어진다면 가장 이상적인 거푸집 해체 관리일 것으로 사료된다.

표 1 한국콘크리트학회(KCI)의 규정

3.5 거푸집 및 동바리의 해체

3.5.1 거푸집 및 동바리의 해체

(1) 거푸집 및 동바리는 콘크리트가 자중 및 시공 중에 가해지는 하중을 지지할 수 있는 강도를 가질 때까지 해체할 수 없다.

(2) 거푸집 및 동바리의 해체시기 및 순서는 시멘트의 성질, 콘크리트의 배합, 구조물의 종류와 중요도, 부재의 종류 및 크기, 부재가 받는 하중, 콘크리트 내부의 온도와 표면 온도의 차이 등을 고려하여 결정하고 책임기술자의 승인을 받아야 한다.

(3) 〈생략〉

(4) 슬래브 및 보의 밑면, 아치 내면의 거푸집은 콘크리트의 압축강도가 표 4.3을 만족할 때 해체할 수 있다.

표 4.3 콘크리트의 압축강도를 시험할 경우 거푸집널의 해체시기

부재	콘크리트 압축강도(f_{cu})
확대기초, 보, 기둥 등의 측면	5 MPa
슬래브 및 보의 밑면, 아치 내면	설계기준압축강도의 2/3배 이상 또한 최소 14 MPa 이상

(5) 보, 슬래브 및 아치 하부의 거푸집널은 원칙적으로 동바리를 해체한 후에 해체한다. 그러나 구조계산으로 안전성이 확보된 양의 동바리를 현 상태대로 유지하도록 설계, 시공된 경우 콘크리트를 10℃ 이상 온도에서 4일 이상 양생한 후 사전에 책임기술자의 승인을 받아 해체할 수 있다.

(6) 동바리 해체 후 해당 부재에 가해지는 전 하중이 설계하중을 초과하는 경우에는 전술한 존치기간에 관계없이 하중에 의하여 유해한 균열이 발생하지 않고 충분히 안전하다는 것을 구조계산으로 확인한 후 책임기술자의 승인을 받아 해체할 수 있다.

3.5.2 거푸집 및 동바리를 해체한 직후의 재하

(1) 거푸집 및 동바리를 해체한 직후 구조물에 재하하는 하중은 콘크리트의 강도, 구조물의 종류, 작용하중의 종류와 크기 등을 고려하여 유해한 균열이나 기타 손상이 발생하지 않는 범위 이내라야 한다.

(2) 동바리를 해체한 후에도 유해한 하중이 재하될 경우에는 동바리를 적절하게 재설치하여야 한다. 또한 시공 중의 고층건물의 경우 최소 3개 층에 걸쳐 동바리를 설치하여야 한다.

표 2 대한건축학회(KASS-5)의 규정

<table>
<tr><td>
3.5 거푸집의 존치기간

가. 〈생략〉
나. 바닥슬래브 밑, 지붕슬래브 밑 및 보 밑의 거푸집 판재는 원칙적으로 받침기둥을 해체한 후에 떼어낸다.
다. 받침기둥의 존치기간은 슬래브 밑, 보 밑 모두 설계기준강도의 100% 이상 콘크리트 압축강도가 얻어진 것이 확인될 때까지로 한다. 단, filler 거푸집을 설치하여 받침기둥을 해체하지 않을 경우에는 거푸집 존치기간을 단축할 수 있다.
라. 받침기둥 해체 후 해당 부재에 가해지는 하중이 구조계산에 있는 그 부재의 설계하중을 상회하는 경우에는 전술한 존치기간에 관계없이 계산에 의하여 충분히 안전한 것을 확인한 후에 해체한다.
마. 위 '다'항보다 먼저 받침기둥을 해체할 경우는 대상으로 하는 부재가 해체 직후, 그 부재에 가해지는 하중을 안전하게 지지할 수 있는 강도를 적절한 계산방법에 따라 구하고, 그 압축강도가 실제의 콘크리트 압축강도보다 상회하는지 확인하여야만 한다. 다만, 해체 가능한 압축강도는 이 계산결과에 관계없이 최저 12 N/mm² 이상이어야 한다.
</td></tr>
</table>

표 3 콘크리트의 압축강도를 시험할 경우 거푸집널의 해체시기

<table>
<tr><th colspan="2">부재 및 구분</th><th>콘크리트 압축강도</th></tr>
<tr><td colspan="2">기초, 보, 기둥
벽 등의 측면</td><td>5 MPa 이상</td></tr>
<tr><td rowspan="3">슬래브 및 보의
밑면, 아치 내면</td><td>작업하중이 없거나 경미한 경우</td><td>14 MPa 이상 *</td></tr>
<tr><td>설계하중 이하의 작업하중</td><td>설계기준강도 이상</td></tr>
<tr><td>설계하중을 초과하는 작업하중</td><td>구조계산에 의함</td></tr>
</table>

* 건축의 경우는 12 MPa 이상임에 안전을 고려 14 MPa로 제안

12. 콘크리트의 표면 품질에 미치는 배합요인

1. 서 언

일반적으로 구조체 콘크리트의 품질은 어느 정도의 공극(곰보)은 포함될지라도 요구하는 강도와 내구성을 잘 발휘하는 것이 중요하다.

그러나 강도와 내구성을 육안으로 확인하는 것은 곤란하기 때문에 감독·감리 등 관리자 측면에서 건설공사현장의 콘크리트 품질과 시공 정도를 평가하는 것은 주로 콘크리트 표면에 보이는 평활도, 공극의 개수(이하 표면품질이라 칭함) 및 재료분리 여부 등이 되는 경우가 많다.

그러므로 강도·내구성의 기본특성에 표면 품질까지 좋으면 금상첨화(錦上添花)격이기 때문에 이 단원에서는 콘크리트의 표면품질에 미치는 배합요인에 대하여 기술해본다.

2. 실험연구계획

콘크리트의 표면 품질 향상을 모색하기 위하여 동일한 거푸집을 사용하는 조건에서 각종 배합요인의 변수로 그 영향을 알아보기 위해 표면 광택도를 실험하도록 계획하였다. 즉 배합사항으로 물시멘트비(W/C)를 45, 50, 55 %, 단위수량을 165, 175, 185 kg/m^3, 잔골재율은 배합설계에 의해 적정치를 정하고 그 값 외에 ±5 %로 하여 총 27배치를 실험하였다. 또한, 고로슬래그 미분말 치환율의 영향을 알아보기 위해 W/B 40, 45 %에서 0, 10, 20, 30 %로 총 8배치, 유동화공법에 의한 영향을 알아보기 위해 W/B 40, 45, 50 %에서 베이스 콘크리트, 유동화 60 mm, 유동화 90 mm로 총 9배치를 실험하였다.

기타 요인으로는 거푸집 재료의 종류, 재령 증가 등에 대해서 실험하였는데, 이때 광택도는 콘크리트 표면에 45° 각도에서 레이저광을 조사하고, 90°로 반사하는 반사광을 받아 반사율을 구한 것으로 광택도를 구하였는데, 광택도가 클수록 콘크리트 표면이 평활한 것을 의미한다.

3. 실험결과 및 분석

먼저 콘크리트의 표면 품질로서 광택도는 당연한 결과이겠지만, 그림 1 및 2와 같이 W/C가 작아 고강도화할수록 현저히 우수하고, 단위수량이 많아 슬럼프가 크고, 또한 잔골재율이 증가할수록 약간 상승한다. 그러나 이때 주의할 점은 단위수량이나 잔골재율을 높여 배합설계를 할 경우 약간은 표면 품질이 향상될 수는 있지만 건조수축이 증대하여 균열이 발생할 수 있어 차후에 더 큰 낭패를 볼 수 있다. 그러므로 이와 같은 조건에서는 그림 4와 같은 유동화공법을 적용하는 것이 효과적임을 적극 추천하는 바이다. 즉 유동화공법을 적용하면 표면 품질 향상은 물론이고, 시공성 향상 및 경제성 측면에서도 우수해져 일거양득 이상의 효과를 얻을 수 있다.

또한, 그림 3은 고로슬래그 미분말 치환율의 영향으로 치환율이 증가할수록 광택도가 증가함을 알 수 있는 데, 기타의 실험에 의하면 석회석 미분말의 치환율 증가, AE제의 사용량 감소도 광택도의 향상에는 기여하게 된다.

그림 5는 거푸집 요인으로 아크릴과 같이 표면의 평활도가 양호할수록 광택도는 우수한데, 그림 6과 같이 거푸집 탈형 후 재령이 경과하면 콘크리트 표면의 시멘트수화물 생성으로 광택도는 저하하게 된다.

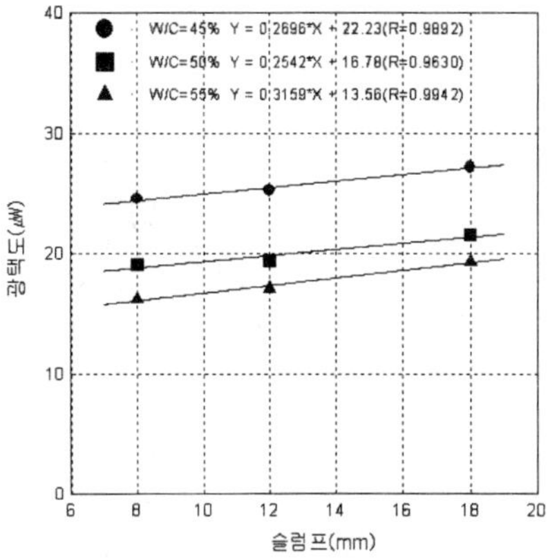

그림 1 W/C 및 슬럼프 변화에 따른 광택도

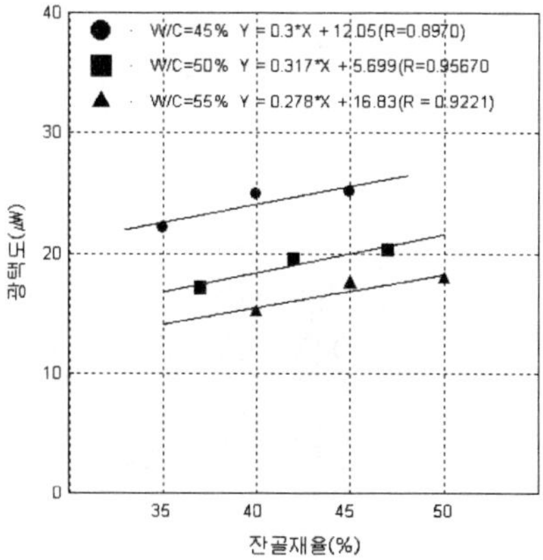

그림 2 W/C 및 잔골재율 변화에 따른 광택도

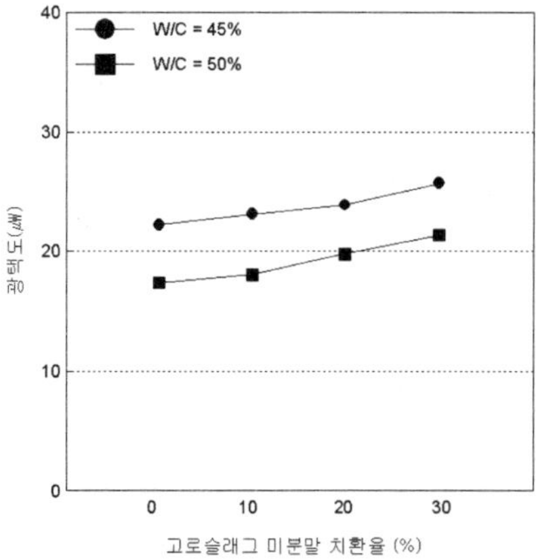

그림 3 고로슬래그 미분말 치환율 변화에 따른 광택도

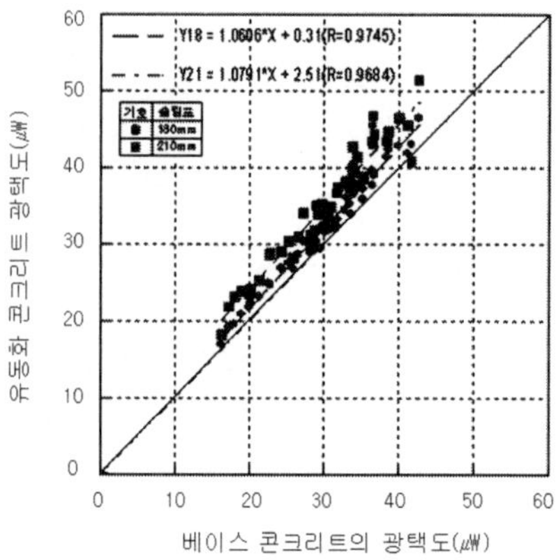

그림 4 베이스와 유동화 콘크리트간의 광택도 비교

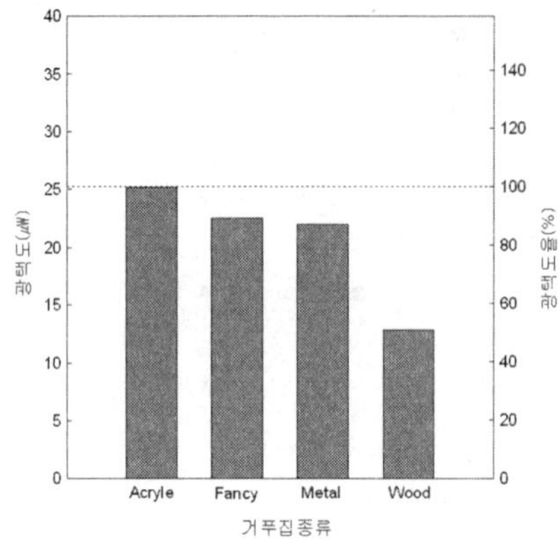

그림 5 거푸집 종류에 따른 광택도

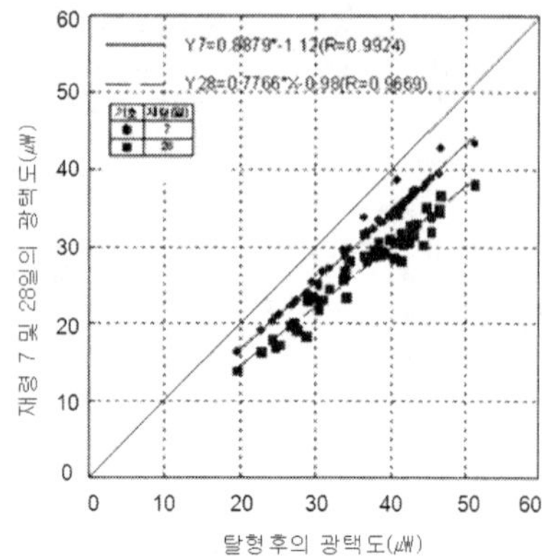

그림 6 탈형 직후의 광택도와 재령 7일 및 28일간의 광택도 비교

13. 콘크리트의 표면 품질에 미치는 알루미늄 거푸집 표면코팅재의 영향(I)

1. 서 언

콘크리트공사에 사용되는 거푸집은 재질에 따라 목재, 강재, 알루미늄, 플라스틱, 복합 재질 등이 있고, 거푸집 크기에 따라 쪽널, 패널, 갱 폼, 테이블 폼, 시스템 폼 등이 있으며, 형태에 따라 사각형, 다각형, 원형, 워플 폼 등이 있고, 구조물 부위에 따라 벽, 기둥, 슬래브, 터널 폼 등이 있으며, 작동기구에 따라 클라이밍 폼, 트래블링 폼, 슬라이딩 폼 등이 있고, 제조사에 따라 페리 폼, 독카 폼 등으로 구분되는 등 무수히 많은 종류가 있다.

그러나 최근에는 특히 아파트공사인 경우 골조 품질이 양호하고, 경량인 관계로 시공성도 우수하며, 안전, 환경적인 유리성에 원가 또한 저렴한 이유로 대부분 알루미늄 재질의 패널상 거푸집이 폭넓게 이용되고 있지만, 이 경우 하나의 문제점으로는 타설된 콘크리트 표면이 사진 1과 같이 거칠고, 공기포가 많은 등 표면 품질이 좋지 못하다는 점이다.

(a) 유로폼 사용 벽체

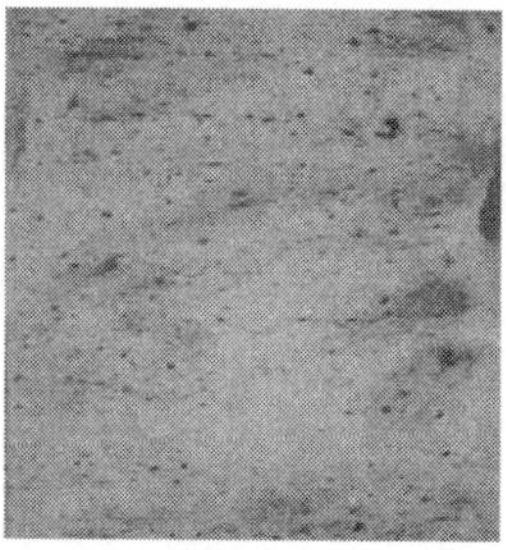

(b) 알루미늄 거푸집 사용 벽체

사진 1 유로폼과 알루미늄 거푸집 사용 벽체 간 콘크리트의 표면 비교

따라서 본인의 연구팀에서는 알루미늄 거푸집의 표면 코팅재를 변수로 콘크리트의 표면 품질 향상을 위해 실험연구를 진행한바 있는 데, 이 단원부터 다음 단원까지는 이와 같은 내용에 대하여 소개해 본다.

2. 실험계획 및 방법

콘크리트의 표면 품질은 콘크리트 배합적인 요인, 바이브레이터 다짐 등 시공요인에도 중요하게 영향을 받지만, 특히 알루미늄 거푸집의 표면 코팅재에 의해서도 크게 달라질 수 있다. 따라서 이와 같은 알루미늄 거푸집의 표면코팅재 종류에 따른 영향을 분석하기 위하여 표 1 및 그림 1과 같이 실험계획하였다. 이 중 표면의 평활도는 사진 2와 같은 조도계(粗度計 : 표면 거칠기를 표현하는 척도로서 수치가 작을수록 양호한 결과임)로 분석하고, 아울러 표면의 공극은 개수를 크기별로 세는 방법으로 실험하였다.

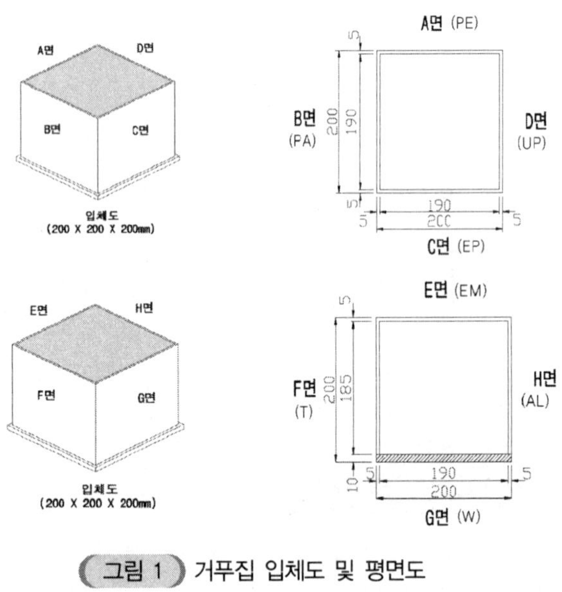

그림 1 거푸집 입체도 및 평면도

표 1 실험계획

<table>
<tr><th colspan="4">실험수준</th><th>실험사항</th></tr>
<tr><td rowspan="4">배합
사항</td><td colspan="2">W/B(%)</td><td>50</td><td rowspan="10">- 굳지않은 콘크리트
• 슬럼프
• 슬럼프 플로
• 공기량
• 단위용적질량

- 경화콘크리트
• 압축강도
• 표면조도
• 표면공극분포</td></tr>
<tr><td colspan="2">목표슬럼프(mm)</td><td>150±25</td></tr>
<tr><td colspan="2">공기량(%)</td><td>4.5±1.5</td></tr>
<tr><td colspan="2">FA(%)*</td><td>10</td></tr>
<tr><td>거푸집</td><td>2</td><td colspan="2">• AL : 순수 알루미늄 거푸집(비코팅)
• W : 일반거푸집(코팅 합판)</td></tr>
<tr><td rowspan="3">표면
코팅재</td><td rowspan="3">6</td><td>• 열가소성 수지</td><td>• PE : 폴리에틸렌
• PA : 폴리아미드</td></tr>
<tr><td>• 열경화성 수지</td><td>• UP : 불포화 폴리에스테르
• EP : 에폭시
• T : 불소</td></tr>
<tr><td>• 도료</td><td>• EM : 유성에나멜</td></tr>
<tr><td>박리제</td><td>2</td><td colspan="2">• 도포
• 무도포</td></tr>
<tr><td>전용 횟수</td><td></td><td colspan="2">• 1~10회</td></tr>
</table>

* FA : 플라이애시

표면 조도계

측정 사진

사진 2 콘크리트 시험체 표면 조도 측정

3. 콘크리트의 표면상태

사진 3은 실험계획에 따른 각종 거푸집 표면 코팅 종류 및 박리제 도포 유무별 1회부터 10회까지 거푸집 반복 사용 후 콘크리트 표면 상태를 나타낸 것이다.

상세한 정량적인 표면조도, 공극분포는 차기 단원에 소개하지만, 외관상으로도 박리제 무도포에 10회 반복 사용한 경우에서 표면품질이 불량함을 알 수 있는 데, 특히 표면코팅재의 종류에 따른 영향도 매우 큼을 알 수 있어 알루미늄 거푸집의 품질 향상 방향에 참고가 될 수 있을 것으로 추측된다.

구분	1회		10회	
	도포	무 도포	도포	무 도포
AL				
W				
PE		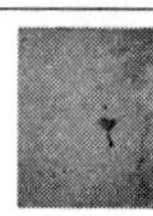		
PA				
T				
EP				
UP		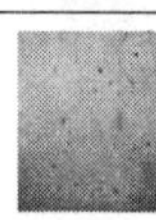		
EM				

사진 3 표면 코팅재의 종류에 따른 표면 사진

14. 콘크리트의 표면 품질에 미치는 알루미늄 거푸집 표면코팅재의 영향(Ⅱ)

1. 서 언

이 단원에서는 전 단원의 연속으로 콘크리트의 표면 품질에 미치는 알루미늄 거푸집의 표면코팅재 변화의 영향에 대하여 기술한다.

단, 실험연구와 관련한 계획이며 기호, 방법 등은 전 단원을 참조한다.

2. 표면조도(거칠기)

그림 1은 알루미늄 거푸집의 박리제 도포 유무 및 표면코팅재의 종류별 거푸집 전용횟수에 따른 표면조도(작을 수록 양호함)를 나타낸 것이고, 그림 2는 그림 1의 결과로부터 박리제 도포 유무에 따른 표면조도를 상호 비교한 것이다.

먼저 표면조도는 전반적으로 전용횟수가 증가할수록 커지는(불량해지는) 경향이었는데, 특히 AL(비코팅 순수 알루미늄), UP(불포화 폴리에스테르), EM(유성에나멜) 및 PE(폴리에틸렌)인 경우는 큰 값을 나타냈고, EP(에폭시), T(불소), PW(코팅합판) 및 PA(폴리아미드)인 경우는 작은 값으로 양호하여, 결국 알루미늄 거푸집의 표면코팅재 재질이 콘크리트 표면의 거칠기인 조도에 매우 큰 영향을 미치고 있음을 알 수 있었다. 박리제 도포 유무에 따라서는 전반적으로 박리제를 도포할수록 양호한데, 그 차이는 EP 및 T에서 크고 PE, PA 및 PW에서는 작았다. 특히 PA의 경우는 가장 작은 값으로 박리제를 바르지 않아도 양호한 값이 됨을 알 수 있었다.

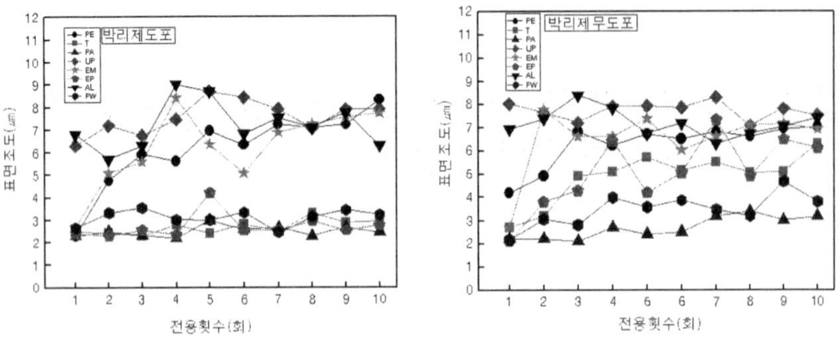

그림 1 표면코팅재의 종류별 거푸집 전용횟수에 따른 표면조도

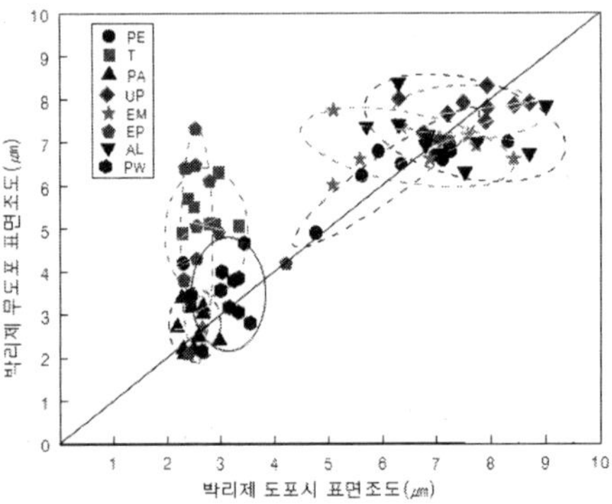

그림 2 박리제 도포 유무에 따른 표면조도 비교

3. 공극분포

그림 3은 알루미늄 거푸집의 박리제 도포 유무 및 표면코팅재의 종류별 거푸집 전용횟수에 따른 공극개수로서 공극분포를 나타낸 것이고, 그림 4는 그림 3의 결과로부터 박리제 도포 유무에 따른 공극개수의 상호비교로서 공극분포를 비교한 것이다.

전반적으로 공극개수는 전용횟수가 증가하고, 박리제 무도포시 많게 나타나는데, 특히 그 차이는 AL일 때 가장 큰 차이를 보였다. 이는 순수 알루미늄의 경우 양성(兩性)금속으로서 시멘트의 알칼리와 반응하여 수소가스를 발생시킴에 기인한 것으로 분석된다.

또한, 전반적인 경향으로는 표면 조도가 커서 콘크리트 표면의 평활도가 불량한 경우는 공극개수 또한 많아 불량해짐을 알 수 있었는데, 단, PW와 PA는 표면조도뿐만 아니라 공극개수까지도 적어 가장 양호한 표면마감재가 됨을 알 수 있었다.

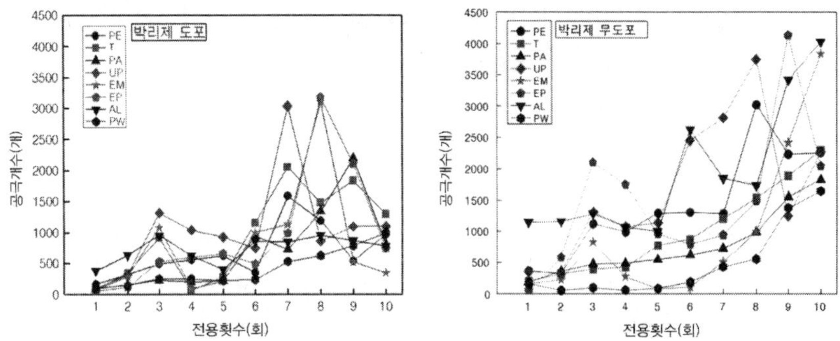

그림 3 표면코팅재의 종류별 거푸집 전용횟수에 따른 공극개수

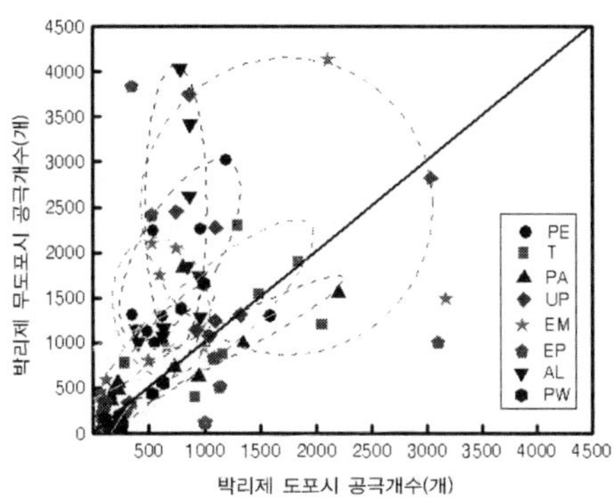

그림 4 박리제 도포 유무에 따른 공극개수 비교

4. 결언

철근콘크리트공사에서 거푸집 제거 후 콘크리트 표면의 공극분포 및 평탄도는 콘크리트용 재료의 선택, 양질의 배합설계 및 적절한 다짐시공도 매우 중요하지만 거푸집 표면마감재도 어느 것 못지않게 중요한 영향을 미친다. 특히 아파트 건설공사와 같은 경우 대부분 사용되고 있는 알루미늄 거푸집의 경우 박리제 도포 유무, 전용횟수 등도 중요하지만 표면마감 재질의 경우도 친수성으로 기포를 밀어내고, 표면 평활성이 양호한 재질(본 실험연구에서는 PA가 가장 양호한 것으로 밝혀졌지만 실무에서는 경제성 면으로 적용이 곤란할 수 있음)이 된다면 현재보다 더욱 양호한 콘크리트의 표면품질이 발휘될 수 있을 것으로 추측된다.

15. 이 일을 어찌할꼬?(표면층 박리 동해)

1. 서 언

얼마 전 미국에서 박사과정중인 아들에게서 메일이 왔다. 제목은 「오늘 뉴스에서……」라고 하며 「한겨레신문」의 금강 공주보의 난간에서 사진 1과 같이 준공 반년 만에 콘크리트 표면이 무더기로 떨어져 나갔다고 하는데 그 원인이 무엇일까 하는 내용이었다.

특히 이와 같은 동해 열화현상은 국내 이곳 저곳에서 매우 많이 발생하여 심각한 상황에 있는 데, 국가도, 학계도, 언론도 별로 대수롭지 않게 생각하여 대책도 전혀 강구하고 있지 않는 것 같음에 이 단원에서는 이와 같은 원인을 분명히 규명하고 대책도 제시하며 사안의 중요성도 강조해 보고자 한다.

사진 1 공주보 교량 난간의 콘크리트 표면박리

(한겨레, 2013.1.29일자)

2. 표면층 박리의 원인

공주보 교량 이외에도 사진 2는 최근에 문제시 되고 있는 콘크리트 표면 박리동해(Scaling) 현상들이다. 콘크리트의 내구성 요인으로 동해열화 현상은 제 I 권 II-11에 기술한 바와 같다. 즉 동해는 팽창성 동해, 팝 아웃, 표면층 박리로 분류되고, 이번에 중요시되는 표면층 박리 동해는 다음의 3가지 원인으로 상세히 설명된 바 있다.

1) 물 시멘트비가 큰 콘크리트가 동결융해작용을 받음으로써 발생하는 일반적인 스케일링
2) 해수 등에 포함된 염류와 동결융해작용의 복합으로 발생하는 스케일링
3) 블리딩수가 치밀한 마감표면층 밑에 모여짐으로써 이 부분에서 박리하는 시공부실에 의한 스케일링

사진 2 표면층 박리를 일으킨 스케일링 동해의 예

3. 문제의 심각성

1) 환경변화 심각성

기온변화로서 2009년 이전에는 지구온난화 등의 이유로 인하여 겨울이 그렇게 춥지 않았고, 눈도 많이 오지 않았다. 그러나 2010년 이후 2013년까지는 겨울이 이상하리만큼 변했다. 기상이변이라고 표현하고는 있지만 일 최저기온도 과거 10년 또는 그 이상보다 평균치로 3℃ 이상 낮아졌고, 적설량도 4~5배 많아 콘크리트 표면층 박리 동해 측면에서 보면 기상재해라고 할 만큼 열악한 환경으로 변모되어 있다.

그런데 환경이 변화하면 대책을 강구하는 것이 기본이다. 더 추워지고, 눈이 더 많이 와서 겨울철 콘크리트의 동해대책이 중요시되었는데, 과연 우리나라의 대책은 무엇인가?

2) 설계부실

스케일동해를 방지하기 위한 가장 기본이 되는 것은 강도가 큰 콘크리트로 시공하는 것이다. 일례로 중부고속도로와 같은 도로인 경우는 포장용 콘크리트로 휨 4.0, 4.5 중 4.5로 설계하는 것이 기본이다. 휨 4.0이면 압축강도로는 35 MPa 전후, 휨 4.5라면 압축강도 40 MPa 전후로 발휘되지 않을까 싶다.

그러나 건축물 주변 주차장 혹은 도로의 경우는 토목 분야의 설계자가 아닌 건축사가 설계하게 되는데, 건축물은 예술적으로 아름답게 하고 건축물 구조체도 고강도로 하는 등 많은 노력을 기울이고 있지만, 주변도로나 주차장 등은 부대토목으로 간주하여 대수롭지 않게 생각하고 18 MPa 등 저강도로 설계하고 마는 경우가 많다. 그렇게 하다보니 예년에는 3~4년 가던 것이 가혹한 기상조건인 최근에는 1년도 견디지 못하고 겨울을 나고 나면 표면이 모두 벗겨지는 표면층 박리동해가 발생하고, 심한 경우는 차량통행에 따라 마모현상으로 인하여 먼지까지도 발생하고 있는 심각한 상황이다.

3) 레미콘 배합 및 시공결함

콘크리트 표면이 동결융해작용으로 벗겨지는 스케일링 동해는 콘크리의 강도가 가장 중요하지만, 재료분리현상과도 연관이 깊다. 즉 레미콘 배합의 경우는 골재 중 점토분 등 미립자량이 과다한 경우, 골재의 불연속입도 현상(Gap grading), 지나치게 큰 S/a, 부족한 점성, 지나친 혼화재 치환, 과다한 슬럼프치 등을 들 수 있고, 또한 시공과정에서는 지나친 다짐(재료분리 유발), 블리딩수의 처리 불량, 지나치게 빠른 마감시공 등 시공불량도 문제를 유발할 수 있다. 일례로 40 MPa 정도인 고강도 콘크리트일지라도 블리딩이 생긴 위에서 콘크리트를 다지는 등 지나치게 마감처리하게 되면 표면부의 강도는 극히 낮아져 표면층 박리동해가 발생하게 된다.

4) 사용과정에서의 부주의

콘크리트의 사용과정 중 표면층 박리동해의 중요한 요인은 염해환경에 노출되지 않게 하는 것이다. 물론 바다에 인접한 콘크리트인 경우야 바다환경으로부터 염화물이 침투되지 않게 하는 대책을 세우겠지만, 대책이 전혀 없는 내륙지방 콘크리트에 눈을 녹이기 위한 엄청난 염화물을 살포하는 것은 큰 문제가 아닐 수 없다. 한 해 겨울을 나기 위해 준비한 염화칼슘이 순식간에 동이 나고, 소금값이 오를 정도로 염화물을 살포하고 있는 것이 현실이다.

필자의 경우, 일본 북해도 삿보로에 1년간 거주한 경험이 있는데, 많은 양의 눈이 겨울에 매일같이 내려도 한 번도 염화칼슘을 살포하는 것을 본 적이 없다. 눈이 오며 치우거나 열선 등으로 녹이는 처리를 해야지, 엄청난 염화칼슘을 살포하는 것은 표면층 박리동해가 크게 발생하는 것은 물론이고, 교량, 고속도로 등에 철근부식 및 알칼리골재반응 등 앞으로 수십 년 내 콘크리트 구조물에 엄청난 재앙으로 닥쳐올 것이다. 차량통행이 좀 잘 안

되고, 또 다른 부작용이 있을지라도 좌우지간 염화칼슘 등 염화물을 콘크리트구조물에 막대하게 살포하는 것은 하루속히 막아야 할 것이다.

4. 대책수립

문제의 파악이 정확히 이루어지면 대책은 문제에 따라 시정하면 된다.

즉 콘크리트의 표면층 박리동해를 방지하기 위해서는 설계과정에서 콘크리트의 고강도화, 레미콘 배합 및 시공과정에서의 철저한 품질관리, 사용과정에서의 염화물 살포 금지가 문제의 해답이다. 하루속히 전국가적으로 대책을 수립하지 않으면 그에 상응하여 몇 십 곱절 큰 피해로 우리에게 닥쳐올 것임을 명심하여야 할 것이다.

16. 콘크리트의 중성화 개요

1. 서 언

콘크리트의 내구성이란 '자연환경 하에서 장기간에 걸친 내부 및 외부로부터의 물리적 작용 또는 화학적 반응에 견딜 수 있는 콘크리트의 성질'이라고 정의할 수 있다. 내구성 항목으로는 동해(I 권 II-11), 알칼리골재반응(III권 II-13), 중성화, 염해, 내황산염 저항성 등을 들 수 있는데, 이 단원부터 몇 단원 중성화부터 염해 등 내구성에 대하여 기술한다.

2. 중성화의 정의 및 기구(Mechanism)

시멘트 수화반응에는 시멘트량 중 약 1/3 정도의 수산화칼슘{$Ca(OH)_2$}이 생성되는데, 생성된 수산화칼슘은 시멘트 페이스트 중 결정 또는 모세관공극 중의 포화수용액 형태로 존재함으로써 pH12~13 정도의 강알칼리성을 나타낸다. 이때 콘크리트가 강알칼리성을 띄게 되면 철근콘크리트 구조물 중의 철근 부분에 부동태피막이 형성되어 콘크리트 내부에 산소가 존재하더라도 녹이 나지 않아 구조체로서 오랫동안 내구성을 발휘하게 된다.

그런데 콘크리트의 중성화란 대기 중에 포함되어 있는 이산화탄소(CO_2)와 물이 건조된 모세관공극 등을 따라 그림 1과 같이 콘크리트 내부로 확산·침입하여 (1) 식과 같이 주로 알칼리성을 나타내는 수산화칼슘을 탄산가스가 탄산칼슘과 물로 분해시켜 알칼리성이 저하되는 현상을 중성화(좁은 의미에서는 탄산화)라고 한다.

$$Ca(OH)_2 + CO_2 \rightarrow CaCO_3 + H_2O \quad \cdots\cdots (1)$$

이렇게 되어 콘크리트의 pH가 11보다 낮아져 중성화되면 알칼리환경에 놓여 부동태피막을 이루었던 층이 파괴되면서 철근에는 부식(녹)이 발생하는데, 이러한 녹에 의해 철근은 약 2.5배 정도 체적이 팽창하게 된다.

이러한 녹의 팽창압력은 콘크리트 내부의 균열 발생, 철근의 부착강도저하, 피복콘크리트의 박리, 철근 단면적의 감소에 의한 저항모멘트의 저하 등 물리적 열화의 진행으로 철근콘크리트 구조물에 있어 저항내력이 한계점에 도달하게 되면 결국 건축물은 수명을 다하게 되는데, 이와 같은 열화진행의 모식도는 그림 2와 같다.

단, 여기서 「중성화」와 「탄산화」라고 말하는 용어는 특별히 구별하지 않고 사용되는 경우도 있지만, 탄산화는 화학반응 현상, 중성화는 탄산화의 결과로 생기는 콘크리트의 열화를 의미하기도 하고, 또한 중성화는 탄산화를 포함하여 넓은 의미로 알칼리성의 콘크리트가 산성비, 산성토양, 화재 등까지 포함하는 폭넓은 자연현상에서 중성으로 변하는 것을 의미하기도 한다.

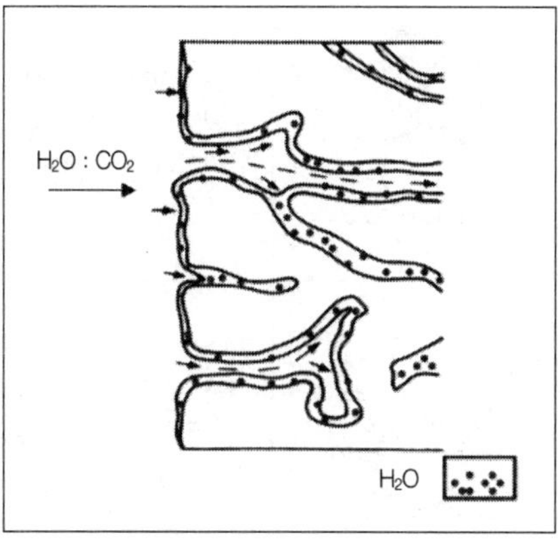

그림 1 콘크리트의 모세관공극에서 이산화탄소와 수분의 침입

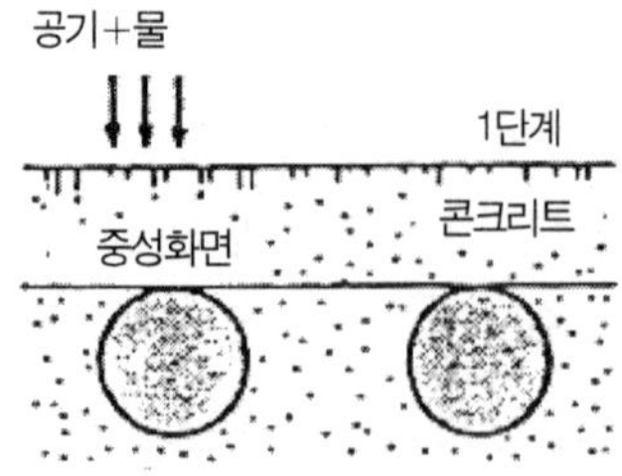	정상, 재질 및 강도상의 변화는 거의 없다. (약간의 건조수축에 의한 균열).
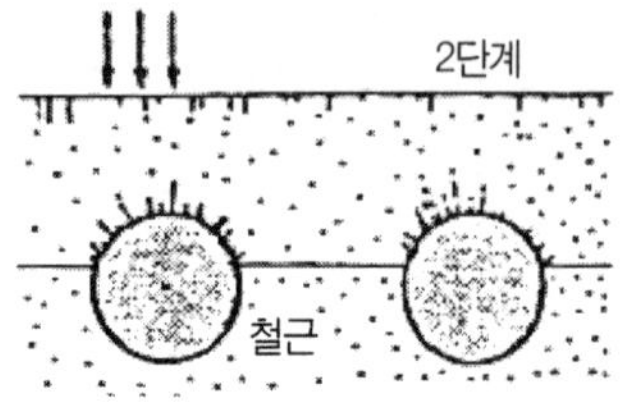	녹의 발생에 의한 팽창압이 콘크리트 내부에 발생하여 미세한 균열이 발생한다.
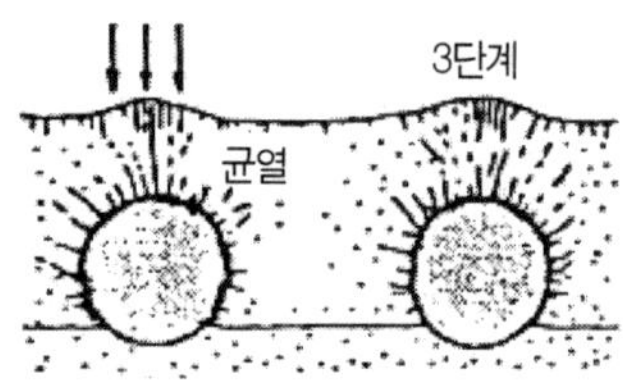	철근의 윗면이 팽창한다. 균열이 표면까지 연장되어 공기와 수분의 침입이 격화되어 동해 등의 다른 열화도 유발시켜 녹물이 보인다.
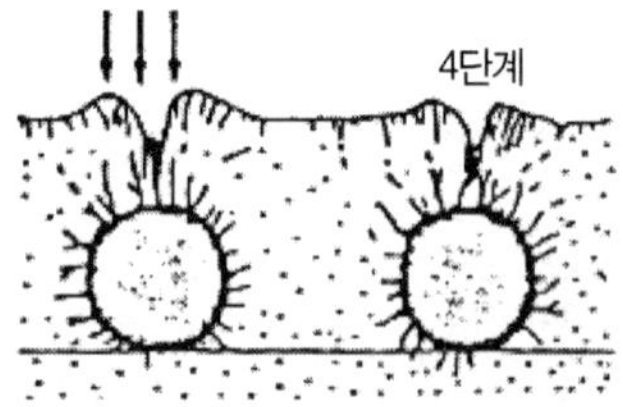	철근 윗면의 피복모르타르가 부서져 떨어지고 철근의 노출이 시작된다. 철근의 단면적이 감소된다.
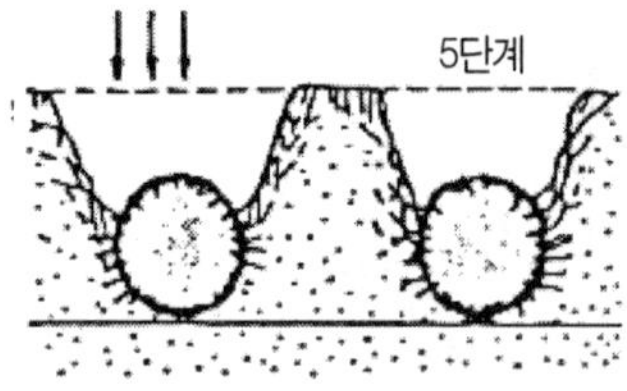	철근 윗면이 거의 없어지고 철근은 공기와 풍우에 직접 폭로된다. 내구성능이 없어진다.

그림 2 중성화에 의한 콘크리트 열화진행의 모식도

3. 중성화가 콘크리트에 미치는 영향

1) 강도에 미치는 영향

중성화가 콘크리트의 강도에 영향을 미치는 것은 크지 않은 것으로 보고되고 있다.

일례로 그림 3과 같이 실험실에서의 촉진중성화한 공시체는 중성화에 의해 콘크리트강도가 증대된 경우가 많이 발견된다. 그러나 실제 구조물에서 채취한 공시체는 반대로 강도저하를 일으킨 사례가 많다. 이와 같은 실내실험(촉진중성화 실험)과 자연환경과의 상이한 결과를 나타낸 이유는 전자에서는 습도조건이 일정하게 관리된 양호한 양생조건인데 반하여, 후자는 풍우 등에 의해 건조와 습윤이 반복되는 혹독한 환경조건에 기인한 것으로 사료된다.

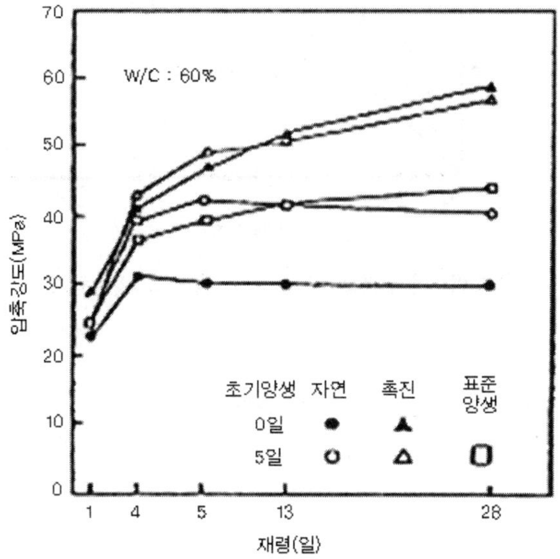

그림 3 압축강도의 경시변화

2) 중성화에 의한 콘크리트의 수축

이산화탄소가 존재하는 환경 하에서 콘크리트는 중성화수축이 발생하게 된다. 중성화수축의 크기는 상대습도의 영향이 크게 작용하는데, 그림 4와 같이 상대습도 50%에서 가장 활발하게 나타난다. 또한 건조수축과 중성화수축이 동시에 일어나는 경우와 각각 연속해서 일어나는 경우에는 수축의 정도에 차이가 있다.

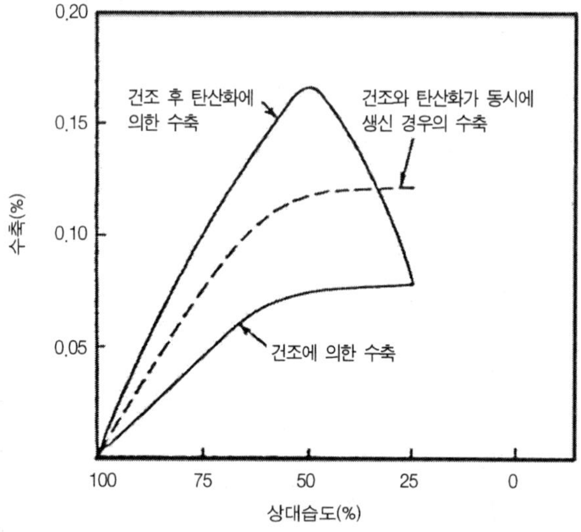

그림 4 건조와 중성화가 수축에 미치는 영향

17. 중성화에 영향을 미치는 요인

1. 서 언

전 단원에서는 중성화의 정의, 중성화기구(Mechanism) 및 중성화가 콘크리트에 미치는 영향에 대하여 고찰해 보았다. 이 단원에서는 전 단원에 이어 중성화속도에 영향을 미치는 요인에 대하여 기술한다.

2. 사용재료

1) 시멘트의 종류

시멘트의 종류에 따라서는 표 1과 같이 중성화속도에 큰 차이가 있다. 혼합시멘트 혹은 실리카질의 혼화재를 사용하면 중성화 속도가 빠르게 나타나고 있어 철근콘크리트 구조물의 내구성 향상을 위해서는 포틀랜드시멘트를 사용하는 것이 유효한 것으로 보고되고 있다. 그 중에서도 조강 포틀랜드시멘트는 보통 포틀랜드시멘트나 여타의 경우 보다 중성화가 늦고 더욱 좋은 효과가 얻어진다.

표 1 시멘트의 종류에 따른 중성화 속도비

보통 포틀랜드시멘트	조강 포틀랜드시멘트	고로시멘트 (Slag %)		실리카 시멘트	플라이애시 시멘트 (FA 20 %)
		30~40	60 전후		
1.0	0.6	1.4	2.2	1.7	1.9

2) 골재의 종류

콘크리트에 사용되는 골재는 그 종류에 따라 중성화의 진행속도에 큰 영향을 미친다. 보통의 강모래, 강자갈, 쇄석 등과 같이 밀실·견고한 골재는 시멘트 페이스트 부분보다 투기성이 낮으므로 시멘트 페이스트 부분을 통하여 탄산화가 진행된다. 그러나 밀도가 낮은 경량골재 등을 이용한 콘크리트는 골재 내부에 많은 공극을 갖고 있기 때문에 탄산가스는 골재 내부를 통해서도 진행되므로 보통 콘크리트에 비하여 중성화가 빠르게 된다.

3. 양생조건, 세공량, 물시멘트비

1) 양생조건의 영향

양생조건에 따라 중성화속도는 큰 차이가 나며 수화반응이 빠른 시멘트일수록 중성화가 늦고, 수화반응이 늦은 시멘트라도 충분한 양생을 하면 중성화 진행속도를 지연시킬 수 있음을 알 수 있다.

즉 수화반응이 많이 진행된 경우는 콘크리트 중의 세공량이 적어짐에 따라 중성화속도가 늦어지는데, 특히 거푸집 해체 후 양생을 하지 않고 건조시킨 경우는 중성화가 빠르게 진행되어 건설물의 수명이 단축될 수 있다.

또한 건설물의 경우 중성화는 콘크리트의 블리딩 발생 정도, 공극분포 등을 포함하여 건설물의 부위별 양생 정도에 따라서도 큰 차이를 보이고 있다.

2) 세공량 및 물시멘트비의 영향

콘크리트의 물시멘트비는 중성화 진행속도에 가장 큰 영향을 미치는데, 물시멘트비가 커질수록 중성화가 빨라지는 것이 일반적이다. 또한, 콘크리트의 세공량도 물시멘트비 증가와 함께 많아지며, 세공량 증가는 중성화 진행속도를 촉진시키는 요인 중 하나이다.

4. 환경조건의 영향

중성화에 영향을 미치는 환경인자로서는 온도, 습도, 탄산가스 농도, 옥내·외 차이, 방위 등이 있다. 온도는 기체인 탄산가스의 활성화와 콘크리트 내부의 확산속도에 관계하므로 온도가 상승하면 중성화는 빨라진다.

습도의 영향으로 상대습도가 0 % 부근에서는 중성화가 진행되지 않고, 상대습도 40 %~50 %의 경우에 중성화속도가 최대이며 그보다 습도가 높은 경우에는 콘크리트 내부공극 중에 존재하는 수분으로 인하여 탄산가스 확산이 저지되어 중성화는 늦어진다. 또한 옥외는 옥내보다 탄산가스농도가 낮기 때문에 중성화가 늦으며, 옥외라도 비에 젖은 부분보다 비에 젖지 않는 부분의 중성화가 빠르다. 그러나 중성화에서 중요한 것은 철근의 부식과 연관한 것인데, 일반적으로 중성화를 설명한 그림 1과 같이 콘크리트 표면에서 CO_2뿐만 아니라 H_2O가 존재할 때 중성화 이후 철근에 부식이 발생하여 문제시 되었다. 하지만 건축물의 실내와 같이 CO_2에 의해 중성화는 깊게 진행되었을지라도 외벽과 달리 H_2O가 없는 실내조건에서는 철근에 부식이 발생하지 않고, 그렇게 되면 철근콘크리트의 수명에는 문제시되지 않는다.

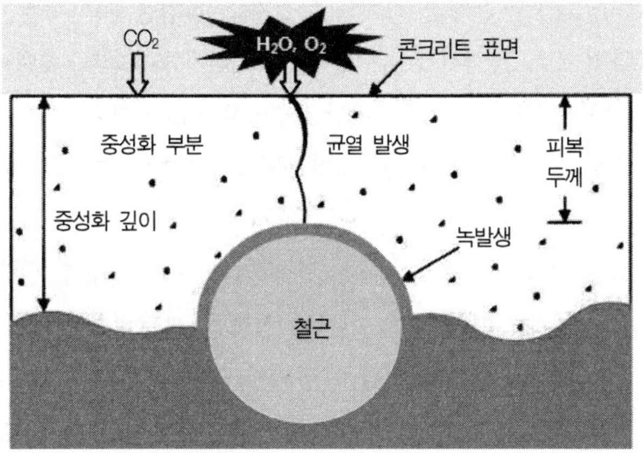

그림 1 콘크리트의 중성화 모형

사진 1 서울시청(출처 : www.naver.com)

일례로, 서울시청(사진 1 참조), 서울시의회, 천도교 본당 등 우리나라에서 80년 이상 경과한 건축물을 안전진단한 결과를 보더라도 건축물에 중성화는 철근피복두께 이상까지 진행되었지만 녹이 발생하고 있지 않아 구조물로서 내력적인 역할에는 전혀 문제가 없었던 사례에서도 그와 같은 상황을 증명할 수 있다.

5. 표면 마감재의 종류와 중성화 진행속도

콘크리트의 표면 마감재는 기체인 탄산가스 침입을 저지시켜 중성화 진행속도를 효과적으로 지연시킬 수 있다. 그러나 콘크리트구조물에 사용되는 마감재의 종류는 상당히 많으며 마감재 그 자체도 시간의 경과와 함께 열화됨으로써 실제 시공되어 있는 마감재의 중성화 억제효과를 정확히 파악하기는 곤란하다.

그러나 일본 북해도대학의 長谷川(하세가와) 씨의 연구결과에 의하면 건축물에 외단열시공을 한 경우는 20년이 경과한 시점에서 중성화 깊이를 측정한 결과 0 mm로 중성화가 전혀 진행되지 않는다는 보고도 있는 데, 이와 같은 외단열공법은 장수명 고내구성 구조물 성취에 매우 흥미로운 일이 아닐 수 없다.

18. 중성화년수 산출 및 중성화 억제 대책

1. 서 언

전 단원에서는 콘크리트의 중성화와 관련한 일련의 내용으로 중성화에 영향을 미치는 요인에 대하여 고찰해보았다. 이 단원에서는 전 단원에 이어 중성화년수 산출 및 중성화 억제 대책에 대하여 기술한다.

2. 중성화년수 산출

일반적으로 중성화가 진행되는 빠르기는 시멘트의 종류, 콘크리트의 품질, 환경조건 등에 따라 다른데, 일본의 기시다니(岸谷) 교수에 의한 중성화년수 추정식은 다음과 같이 제안되고 있다.

1) 물시멘트비가 60 % 이상의 경우

$$t = \frac{0.3(1.15+3w)}{R^2(w-0.25)^2}x^2$$

2) 물시멘트비가 60 % 이하의 경우

$$t = \frac{7.2}{R^2(4.6w-1.76)^2}x^2$$

여기서, t : 중성화기간(년)

R : 중성화비율(표 1)

w : 물시멘트비

x : 중성화깊이(cm)

표 1의 중성화비율 R로부터는 사용시멘트, 골재 또는 표면활성제의 종류와 중성화속도의 관계도 알 수 있다. 우리나라 건축법에서는 구조물의 최소 피복두께를 3 cm로 규정하고 있는데, 위 식에 $R=1$, $w=0.6$, $x=3$을 대입하면 $t=64.8$년으로 약 65년이 산출된다.

또한, 대기 중의 탄산가스에 의한 콘크리트의 중성화 원인으로 철근이 부식하는 경우에는 잔존 내용년수를 추정할 수도 있다. 그림 1은 중성화와 철근콘크리트 수명의 관계를 나타낸 것이다. 여기서 t_1은 중성화가 내부철근에 도달하는 시점인데, 지금까지는 철근콘크리트 구조물의 수명을 t_1의 시점으로 판단하여 왔다(중성화 수명설). 또한, 구조물의 수명은 부재내력이 한계에 도달하는 시점인 t_3로 보는 설도 있다(구조내력 수명설). 그러나 최근에 t_1의 시점은 부재 내력상 너무 안전하고 t_3는 너무 위험한 영역에 속하여 철근이 부식되어 균열을 발생시키는 시점인 t_2를 철근콘크리트의 수명 산정점으로 정의하고 있다. 즉 잔존내용년수는 t_2에서 현재의 시점인 t_x를 뺀 값(t_2-t_x)이 된다.

표 1 콘크리트의 종류별 중성화비율 R

골재 / 표면활성제 / 시멘트	강모래 · 강자갈			강모래 · 경량 굵은골재			경량 잔 · 굵은골재		
	플레인	AE제	분산제	플레인	AE제	분산제	플레인	AE제	분산제
보통시멘트	1	0.6	0.4	1.2	0.8	0.5	2.9	1.8	1.1
조강시멘트	0.6	0.4	0.2	0.7	0.4	0.3	1.8	1.0	0.7
고로시멘트 (슬래그 30~40% 전후)	1.4	0.8	0.6	1.7	1.0	0.7	4.1	2.4	1.6
고로시멘트 (슬래그 60% 전후)	2.2	1.3	0.9	2.6	1.6	1.1	6.4	3.8	2.6
실리카시멘트	1.7	1.0	0.7	2.0	1.2	0.8	4.9	3.0	2.0
플라이애시시멘트 (20%)	1.9	1.1	0.8	2.3	1.4	0.9	5.5	3.3	2.2

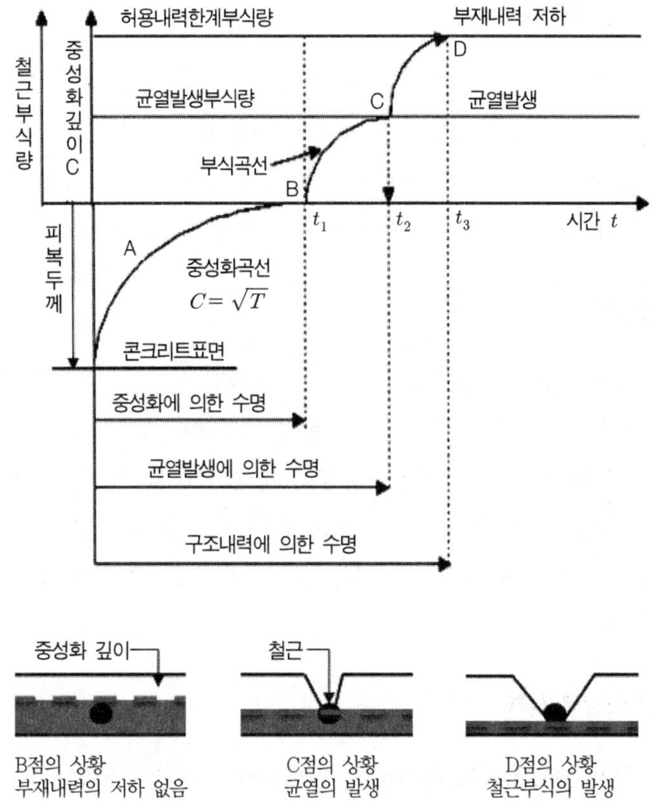

그림 1 중성화의 진행과 철근부식비율의 개념도

3. 중성화 억제 대책

콘크리트의 중성화 억제 대책은 기본적으로 중성화에 영향을 미치는 요인을 찾아 그에 상응하는 대책으로 강구하면 가능할 수 있다. 따라서 이하에서는 간략히 중성화 억제 대책을 정리하고, 또한 최근의 동향에 대해서도 정리해 본다.

1) 재료 및 배합인자

콘크리트에 혼입되는 재료의 종류 및 배합조건은 중성화 진행속도에 커다란 영향을 미치는 것이 명확하다. 따라서 사용재료 선정 및 배합조건 결정시에는 콘크리트 자체의 품질이 가능한 치밀·견고하도록 조강 또는 보통 포틀랜드시멘트의 사용 혹은 물시멘트비가 작게 되도록 노력해야 한다.

2) 시공인자

중성화 진행속도에는 양생조건, 타설, 다짐방법 등 시공인자의 영향도 명확하다. 따라서 현장 시공시에는 충분한 초기양생과 소요 부분의 내구성을 감안하여 콘크리트의 피복두께를 충분히 상정해야 할 것이며, 타설시에는 모르타르의 누출, 콘크리트의 재료 분리, 피복 콘크리트의 결손(Rock pocket, Honeycomb)이 생기지 않도록 거푸집 제작 및 다짐방법에 대해 충분한 고려가 요구된다.

3) 표면 마감재 사용

적당한 표면 마감재 사용은 탄산가스 침입을 억제하여 중성화속도를 지연시킬 수 있다. 따라서 표면 마감재는 합성수지 등의 고분자계통으로 마감하거나, 타일 및 외단열공법에 의한 마감방법도 억제효과가 높은 것으로 알려져 있다.

4) 최근의 개발연구

중성화의 진행은 콘크리트 표층부의 공극분포 특성과 탄산가스 확산 및 수분의 이동으로 시작되므로 콘크리트 표층부의 성질을 치밀화시킴으로써 중성화 진행속도를 지연시킬 수 있다.

최근 외국에서는 투수형(透水型) 거푸집을 사용하여 표층부의 치밀화 및 표면강도 개선에 활용한 예가 있다. 또한, 시멘트 제조과정에서는 r$-C_2S$를 이용하는 방법이 있는 데, r－C_2S는 수경성을 나타내지는 않지만, 다른 필러와 비교하여 매우 활발한 탄산화반응을 나타내어 탄산화에 의해 경화체조직을 매우 치밀하게 만들어 중성화 억제효과를 기대하는 방법이 있다. 또한 미립자 시멘트(미분시멘트)를 포집하여 시멘트의 일부를 치환해줌으로써 치밀한 세공구조를 만들어 중성화를 억제하는 방법도 있고, 콘크리트 제조과정에서는 미세한 철분을 약간 혼입시켜 줌으로써 콘크리트 사용 환경 중 표면의 철분이 부식하여 그 팽창력으로 표면조직을 치밀화함으로써 내부로의 중성화 진행을 차단하는 방법이 있다. 필자의 경우는 식용유(가격적으로는 폐식용유)를 콘크리트에 도포하여 모세관 공극 내부에 비누화를 유도하여 그로 말미암아 탄산가스 침투를 막아주는 방법도 제시하여 매우 효과적인 방법으로 추천되고 있다.

19. 콘크리트의 염해

1. 서 언

콘크리트 중에 존재하는 염화물이온(Cl^-)은 시멘트의 수화반응, 강도발현, 수축·크리프 거동 및 알칼리골재반응 등과 관련한 여러 현상에 영향을 주는 중요한 물질이다. 그러나 이 단원에서는 염화물이온이 내구성 요인으로 중요하게 고려되는 철근부식과 관련하여 염화물의 침투, 이동 및 고정화, 콘크리트 중의 철근부식 기구(Mechanism) 및 염해방지 대책에 대하여 기술해 본다.

2. 염화물의 침투경로, 이동 및 고정화

1) 염화물의 침투경로

염화물이 콘크리트에 침입하는 원인으로는 일반적으로 다음과 같은 3가지 경로로 구별된다.

① 해양환경(해수 중 비래염분이 도달하기 쉬운 해상 혹은 해안 부근)에 구조물이 위치하여 콘크리트 표면으로부터 NaCl 등의 해수 중 염화물이 침투

② 염화물이 함유된 해사, 혼화제를 콘크리트 재료로 사용함으로써 처음부터 콘크리트에 포함된 것

③ 융설제, 제설제로서 살포된 염화칼슘($CaCl_2$), 염화나트륨(NaCl) 등이 콘크리트 표면으로부터 침투

여기서, ①과 ③의 경우는 콘크리트가 경화한 후 외부환경으로부터 침입해 오는 것으로써 외래(外來) 염분에 의한 염해라고 불려지고, 콘크리트 표면에 가까운 부분에 다량의 염분을 함유하고 내부로 갈수록 염화물량이 적어지는 특징이 있다.

또한, ②의 경우는 처음부터 들어 있는 염화물로써 초기 염분이라 불려지고 콘크리트 내부에서는 거의 균일하게 함유량이 분포되며 함유량은 시간이 지나도 거의 변하지 않는 특징이 있다.

2) 이동 및 고정화

콘크리트내 존재하는 총 염화물은 일반적으로 염화물이온과 고정화염소로 분류된다. 즉 염화물이온은 미세공극 중(모세관공극 등) 액상수(液狀水)에 용존하여 자유롭게 이동 가능한 형태로 관리의 대상으로서 특히 중요하다.

반면, 고정화 염소는 보통 포텐셜구배(농도구배 등)로는 겉보기 상 이동하지 않고 시멘트 광물 조성 중 C_3A와 반응하여 프리델씨염($C_3A \cdot CaCl_2 \cdot 10H_2O$)으로 수화물 중에 들어 있는 것(고상염소 : 固相塩素) 및 공극 벽면에 흡착하는 성분(흡착염소)으로 분류된다.

따라서 시멘트 제조시 광물 조성으로 알루미네이트상(C_3A)을 많게 하면 염화물을 고정시켜 염해에 유리해질 수 있는 것으로 생각되어 타당성이 없는 것은 아니지만, 그렇게 되면 또 다른 요인인 황산염과 반응하여 에트린가이트를 형성, 팽창균열을 유발할 수 있으므로 적정량으로 관리할 필요가 있다.

3. 철근의 부식 메커니즘

콘크리트는 강알칼리성(pH 12~13)으로 그 안에 매입된 철근의 표면은 알칼리성 환경 하에서 20~60Å 정도 두께의 산화피막인 $\gamma-Fe_2O_3 \cdot nH_2O$의 부동태피막이 형성되어 부식으로부터 보호되고 있으나 콘크리트 중의 알칼리도가 저하하거나 또는 콘크리트 중에 염화물이 과다하게 함유되어 있으면 염소이온의 화학작용으로 인해 산화피막이 파괴되어 부식을 일으키는 원인이 된다.

일반적으로 물의 존재 하에서 철의 부식은 전기화학적 현상이다. 따라서 철이 부식되는 경우에는 철의 표면상에 무수한 국부전지(Micro cell)가 형성되어 이 국부전지 활동의 정도에 의해 철근의 부식 진행 정도가 결정된다. 국부전지는 애노드 부분과 캐소드 부분으로 되어 그림 1과 같은 형태의 반응이 진행된다.

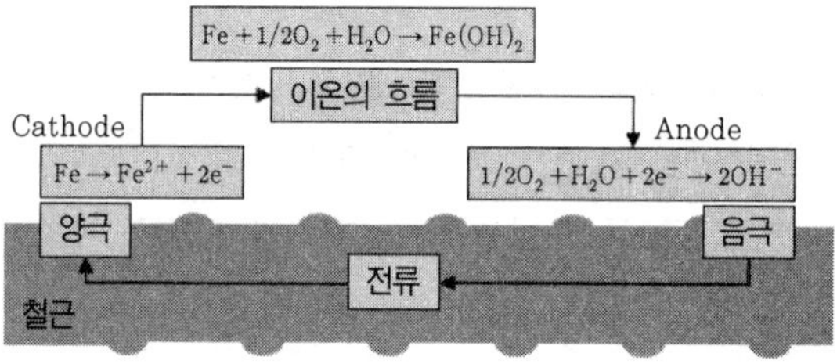

그림 1 철근의 발청

강재가 부식하는 경우 그 부식반응에 수분이 관여된 반응을 습부식, 수분이 관계하지 않는 경우를 건부식이라 하고, 콘크리트 내부에서의 강재부식은 수분이 관여된 습부식이라 할 수 있다.

또한, 강재의 부식속도는 그 강재가 접촉하는 수용액의 pH에 의하여 큰 영향을 받는 것으로 알려져 있다.

예를 들면 pH가 10 이상인 경우는 그림 2에서와 같이 철의 부식속도가 작다.

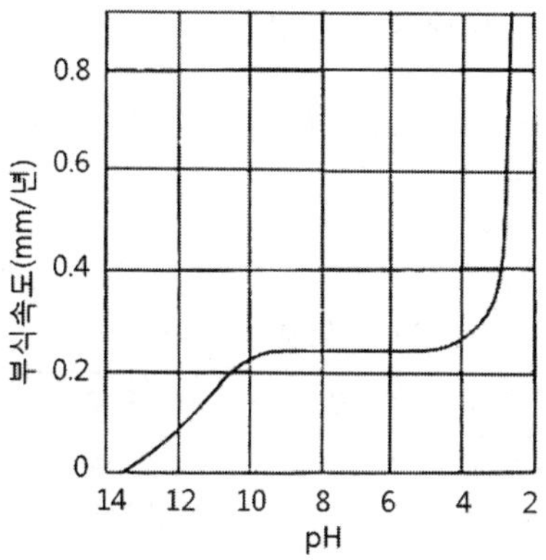

그림 2 pH와 철근의 부식속도

4. 염해 방지대책

염해를 방지하기 위한 대책으로는 영향 요인에 따라 대처하는 방법이 기본이 될 수 있는데, 그 내용을 정리하면 다음과 같다.

1) 재료 및 시공적 대책

① 고로슬래그 시멘트, 플라이애시 시멘트, 실리카퓸 시멘트는 염해에 유리하다.

② 해사의 경우 NaCl량으로 전체 골재 질량에 0.04% 이하가 되도록 세척한다.

③ 염화물량이 적은 물이나 화학혼화제를 사용한다.

④ W/C를 낮게 하여 조직을 치밀화시킨다.

⑤ 콘크리트의 피복두께를 증가시킨다.

⑥ 양생을 철저히 한다.

⑦ 기타 시공과정에서 콜드조인트, 재료분리 등 결함요소를 제거한다.

2) 염화물의 침투억제 및 각종 방청방법

콘크리트의 염해방지 대책으로 염화물의 각종 침투 억제 대책 및 방청방법은 다음 표 1과 같다.

표 1 염해 방지 대책

No.	분 류	항 목	내 용	비 고
1	환경으로부터의 부식성 물질 제거	–	온·습도 제어, 탈염 및 탈수	해양환경 및 융설제 사용 시는 곤란
2	피복콘크리트를 통과하는 침입·침투의 억제	밀실성 증가	최대 W/C비 확보, 최소 시멘트량 확보	부식방지의 기본
		피복두께 증가	최소 피복 확보	
		균열폭	허용균열폭	
		콘크리트 표면라이닝	합성수지 재료에 의한 라이닝, 도장	보수용으로 사용될 수 있음. 보수가 가능한 부분에만 사용
		수지 함침 콘크리트	MMA, 투수성 에폭시, 실란 등에 의한 함침	MMA의 경우 미국에서 실적 있음
		레진콘크리트, 폴리머시멘트 콘크리트(PCC), 내부식 콘크리트	불포화폴리에스테르, 에폭시 등의 레진 콘크리트, SBR 등의 PCC 및 왁스 사용	철근 또는 프리스트레스트 콘크리트의 실적은 의외로 적음
3	강재표면으로의 도달 억제	수지도장 강재	에폭시 수지 도장 철근	정전분체 도장 $200 \pm 50 \mu m$
		도금 강재	아연도금 철근	–
4	방식성 강재	내염성 철근	Cu-W계 등	해양환경이나 융설제 사용시 주의
5	전위 제어	전기부식 방지	외부 전원방식, 유전양극 방식	보수용으로서도 사용 가능
6	방청제	방청제	현재는 아초산계	해양환경이나 융설제 사용 시는 곤란

20. 콘크리트의 화학적 부식(Ⅰ)

1. 서 언

콘크리트가 갖는 결점 중의 하나는 콘크리트 자체가 반드시 화학적으로 안정된 재료가 아니라는 것이다. 이 때문에 콘크리트 구조물은 그것이 위치한 환경에 의해 여러 가지 화학물질에 의한 부식으로 조기에 열화가 진행됨으로써 그 기능을 상실하게 되기도 한다.

따라서 이 단원부터 다음 단원에서는 각종 산, 황산염 등을 포함하는 콘크리트의 화학적 부식에 대하여 기술해 본다.

2. 화학적 부식의 부식작용

콘크리트는 잔·굵은골재를 시멘트 또는 시멘트와 혼화재의 수화반응 생성물로 결합시킨 것으로, 시멘트 또는 혼화재가 물과 반응한 생성물은 새로운 종류의 화학물질과 반응하면 전혀 다른 물질로도 변화된다. 이와 같은 반응에 따라 시멘트 수화물이 분해되어 결합능력이 상실됨으로써 반응생성물의 용출에 의해 콘크리트 조직이 거칠어지거나, 팽창을 유발함으로써 콘크리트 균열, 용해, 탈락, 내력저하 등의 현상이 발생한다. 이와 같은 반응은 콘크리트 구조물의 표면에서 내부로 향하여 진행되지만 반응이 철근부분까지 이르면 콘크리트 자체 내력의 저하 외에 콘크리트가 철근을 보호하는 능력을 잃어 결국에는 철근콘크리트 구조물로서의 기능을 잃게 된다.

콘크리트 구조물의 화학적 부식에 의한 열화는 일부 온천지대나 산성하천 유역, 화학공장, 식품공장 등의 산업용 구조물, 배수, 오수처리시설, 하수도 등에서 중요한 문제가 되고 있다. 또한, 대기오염에 따른 산성비 등으로 일반 구조물에서도 문제가 되는 시대도 도래할 수 있다.

외관에 나타난 화학적 부식에 의한 콘크리트 열화의 징후로는 다음 같은 것을 들 수 있다.

① 골재의 노출	② 표면박리	③ 골재의 탈락
④ 분상화	⑤ 연화	⑥ 녹의 침출
⑦ 액상겔의 침출	⑧ 팽윤	⑨ 균열의 발생
⑩ 결정의 분출	⑪ 콘크리트의 열화	⑫ 철근의 노출, 부식

또한, 외관에서는 판단 가능한 열화의 징후로는 다음과 같은 것을 들 수 있다.

① 기계적 강도의 저하	② 탄성계수 저하	③ 팽창 · 수축
④ 중성화	⑤ 철근 부식	⑥ 공극률 증가

3. 콘크리트를 부식시키는 물질

콘크리트를 화학적으로 부식시키는 물질은 그 부식의 메커니즘에서 볼 때 다음과 같이 크게 두 가지로 나눌 수 있다.

① 콘크리트 중의 시멘트 수화물과 화학반응을 일으켜 물에 용해하기 어려운 시멘트 수화물을 가용성 물질로 변화시킴으로써 콘크리트를 열화 · 붕괴시키는 것

② 황산염으로 콘크리트 중의 시멘트 수화물과 반응하여 새로운 화합물을 만들어 그 팽창압에 의해 콘크리트를 열화시키는 것

콘크리트를 화학적으로 부식시키는 물질은 매우 많으며, 부식의 속도나 정도는 부식하는 물질의 종류 외에 농도, 온도, 건습, 마모나 충격, 부식액의 흐름 유무, 콘크리트의 품질 등에 의해서도 당연히 다르다. 그러므로 표 1의 구분 방법은 어디까지나 하나의 일례로서, 구분의 방법은 연구자에 의하여 약간씩 다르다.

표 1 콘크리트를 화학적으로 부식시키는 물질

심한 침식	보통 침식	느린 침식	어느 조건에서만 침식	거의 침식하지 않음
질산 염산 불산 황산 아황산 수산화칼륨 수산화암모늄 수산화나트륨 초산암모늄 황산암모늄 황산동 황산칼륨 염화 제1철 황산나트륨 황산아연 동물유지, 기타	식산 초산 탄산 석회산류 인산 주석산 염화 제2수은 염화 제1철 염화아연 염화동 염화칼슘 초산칼슘 대두유 아몬드유 코코아유 우지 포도당, 기타	천연 산성수 올리브유 어유 아초산펄프폐액 크레오소트 초산칼슘 중탄산암모늄 염화알루미늄 질산알루미늄 세제 유리산을 포함하는 잉크 기타	○ 농도가 높을 때 보통 침식 탄산칼슘 탄산암모늄 탄산나트륨 세탁용 소다, 기타 ○ 건습 반복시 표면을 약간 침식 염화칼륨 염화나트륨 염화칼슘 ○ 공기에 노출될시 보통침식 면실유 올리브유 카놀라유 피마자유 겨자유 야자유 ○ 기타 다양한 조건	중크롬산 질산칼슘 과망간산칼륨 모든 규산염 파라핀 피치 코울타르 벤젠 모든 석유 혹은 광유 송진유 테레빈유 골유 알코올 와인 사탕수수 봉밀, 기타

콘크리트를 부식시키는 물질의 종류는 매우 광범위하게 퍼져 있는 데, 화학공업과 식품공업 등에 이용되고 있는 약품, 동·식물성 폐기물의 발효나 부패, 온천이나 산성하천 유역 등에서는 자연의 용수 및 하수도 등에서도 발생하는 등 비교적 가까운 곳에서 존재한다.

또한, 콘크리트를 부식하는 기체는 표 2와 같은 것이 있다. 이들 부식성 가스는 화학공업에서 여러 가지 약품의 원료로서 이용되는 것 외에 예를 들면 염산을 사용하는 공업에서는 수용액에서 염산수소가 증발하는 등 모든 종류의 공장에서 발생한다. 최근에는 하수도 콘크리트의 부식이 문제가 된 적도 있지만 그 원인은 하수도 중의 유기물이 박테리아 등에 의해 분해되어 발생하는 황화수소 때문이라고 알려지고 있다.

표 2 콘크리트를 부식하는 가스

침식 정도	가스의 종류	농도(g/l)
심한 침식	SO_2	0.1 ~ 0.5
	HF	0.05 ~ 0.2
	NO	0.025 ~ 0.125
	HCl	0.01 ~ 0.05
	Cl_2	0.001 ~ 0.005
보통 침식	SO_2	0.02 ~ 0.1
	HF	0.01 ~ 0.05
	H_2S	>0.01
	NO	0.005 ~ 0.025
	HCl	<0.01
	Cl_2	<0.001
약한 침식	SiF_4	>0.001
	SO_2	<0.02
	HF	<0.01
	H_2S	<0.01
	NO	<0.005

4. 산에 의한 열화

포틀랜드시멘트의 수화생성물은 모두 산과 반응하여 분해된다. 단, 반응 정도 및 속도 등은 외부환경에 의해 크게 좌우될 수 있다.

시멘트 수화물에서 산과 가장 반응하기 쉬운 것은 수산화칼슘이고, 다음으로 칼슘알루미네이트 수화물과 칼슘실리케이트인데, 칼슘실리케이트의 수화물은 비교적 반응하기 어렵지만 모두 산과 반응하여 분해한다.

일례로, 염산과 시멘트 수화물과의 반응을 화학식으로 나타내면 다음과 같이 된다.

$$Ca(OH)_2 + 2HCl \rightarrow CaCl_2 + 2H_2O + H_2$$

$$3CaO \cdot 2SiO_2 \cdot 3H_2O + 6HCl \rightarrow 3CaCl_2 + 2SiO_2 + 6H_2O$$

$$3CaO \cdot Al_2O_3 \cdot 3CaSO_4 \cdot 32H_2O + 6HCl \rightarrow 3CaCl_2 + Al_2O_3 \cdot 33H_2O + 3CaSO_4 \cdot 2H_2O$$

21. 콘크리트의 화학적 부식(Ⅱ)

1. 서 언

전 단원에서는 콘크리트의 화학적 부식과 관련하여 부식작용과 부식하는 물질 및 산에 의한 열화에 대하여 고찰해 보았다. 이 단원에서는 전 단원에 이어 콘크리트의 황산염 및 기타 요인에 의한 열화와 화학적 부식의 방지대책에 대하여 기술하도록 한다.

2. 황산염에 의한 열화

황산염은 화학공업의 원료로써 넓게 사용되고 있는 것 외에 농업용 비료로도 많이 사용되어 왔다. 또한 일부지역에서는 흙 중에 많이 포함되어 있는 경우가 있고, 하천수나 온천수, 화산지대의 용수 및 하수 중에도 포함되어 있는 경우가 있다. 또한 황산염은 바닷물인 해수 중에도 포함되어 있는데, 해수에 의한 콘크리트의 열화는 황산염이 작용하여 사진 1과 같이 관계하고 있다.

황산염에 의한 콘크리트 열화의 메커니즘은 산에 의한 열화의 메커니즘과는 다르다. 즉 황산염 중에서 황산나트륨을 열화의 메커니즘으로 예를 들면 (1)식과 같다. 즉 황산나트륨은 시멘트 경화체 중의 수산화칼슘과 반응하여 황산칼슘을 생성한다.

$$Ca(OH)_2 + NaSO_4 + H_2O \rightarrow CaSO_4 \cdot 2H_2O + NaOH \quad \cdots\cdots\cdots\cdots\cdots (1)$$

사진 1 황산염 침식

이 반응에서 생성하는 $CaSO_4 \cdot 2H_2O$(석고)는 물에 대하여 용해도가 크지는 않지만, 다소는 물에 용해되기 때문에 이 반응에 의해 시멘트 경화체 중의 수산화칼슘을 용출시켜, 표면에서 차례로 조직을 거칠게 한다. 상기 반응에서 생성한 $CaSO_4 \cdot 2H_2O$는 시멘트 경화체 중의 $3CaO \cdot Al_2O_3$나 $3CaO \cdot Al_2O_3 \cdot 6H_2O$와 반응하여 (2)식과 같이 에트린가이트 $3CaO \cdot Al_2O_3 \cdot 3CaSO_4 \cdot 31\sim32H_2O$를 생성한다.

$$CaSO_4 \cdot 2H_2O + 3CaO \cdot Al_2O_3 \cdot 6H_2O$$
$$\rightarrow 3CaO \cdot Al_2O_3 \cdot 3CaSO_4 \cdot 31\sim32H_2O \quad \cdots\cdots (2)$$

이 반응에서 생성하는 에트린가이트는, 즉 에트린가이트가 생성될 때 큰 팽창압을 발생시켜 팽창압에 의해 콘크리트의 균열·붕괴를 일으킨다. 또한, 황산염이 직접 칼슘알루미네이트와 반응하여 (3)식과 같이 에트린가이트를 생성하는 것도 생각해 볼 수 있다.

$$3CaO \cdot Al_2O_3 \cdot 6H_2O + Na_2SO_4 \rightarrow$$
$$3CaO \cdot Al_2O_3 \cdot 3CaSO4 \cdot 31\sim32H_2O + Al(OH)_3 + NaOH \quad \cdots\cdots (3)$$

황산염에 의한 콘크리트의 열화는 먼저 표면 부분에 팽창성 균열이 나타나고, 그 부분이 탈락되는 현상을 반복하여 차츰 부재치수가 줄어드는 경과를 반복한다. 그림 1은 황산염 용액에 콘크리트를 침지하였을 때 재령경과에 따른 길이변화를 나타낸 것이다. 산에 의한 부식과 비교하면 황산염에 의한 부식은 그 농도가 비교적 높을 때 현저하게 발생한다.

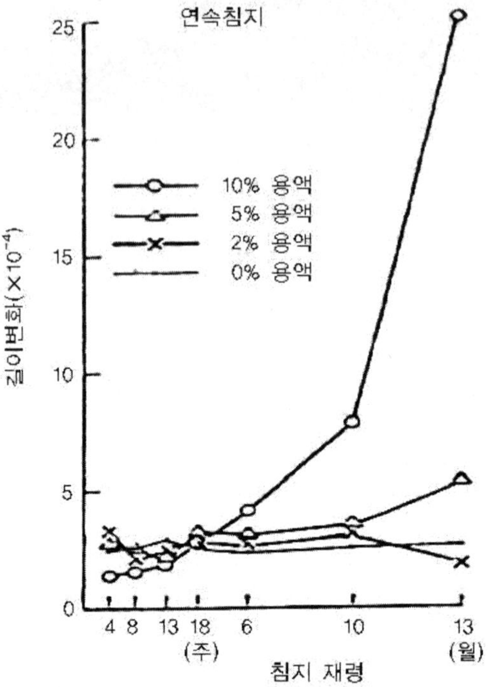

그림 1 황산염용액 중의 콘크리트 길이 변화
(보통시멘트 W/C=57 %)

3. 기타 물질에 의한 열화

기타 물질에 의한 열화는 전 단원의 표 1에서 언급한 바와 같이 무수히 많은 종류가 있다. 따라서 모든 열화물질에 대하여 기술하는 것은 지면관계상 불가능하지만, 의외의 것으로는 동·식물성의 기름인 유지류, 생활하수, 강알칼리성 물질 및 바닷물에 의해서도 열화가 발생하고 있으므로 콘크리트 사용환경에 대해서는 신중을 기할 필요가 있다.

4. 화학적 부식의 방지대책

화학부식에 관한 저항성을 향상시키는 데에는 많은 방법이 제안될 수 있지만 대표적으로는 다음의 두 가지 방법이 있다.

① 콘크리트 자체로 화학저항성을 높이는 것
② 적절한 방식피복을 해주는 것

콘크리트의 화학저항성은 사용시멘트 배합, 혹은 시공방법 등에 의하여 매우 달라진다. 따라서 첫 번째인 콘크리트 자체로서 화학저항성을 높이는 것은 물시멘트비가 작은 수밀성이 우수한 콘크리트로 한다든지, 공용기간까지 충분히 양생을 실시하는 것은 당연한 것이지만 사용조건, 즉 어느 정도로 화학물질에 접촉되는가에 의해 여러 종류의 시멘트 중에서 가장 적절한 것을 선정하여 사용하면 화학적 저항성을 크게 높일 수 있다.

그런데 사용해야 할 시멘트의 종류로는 굳어지기까지 충분한 양생기간이 된다면 비교적 광범위한 화학물질에 대하여 고로시멘트 C종의 혼합시멘트가 양호한 저항성을 나타낸다. 또는 황산염이나 해수에 대해서는 그와 반응하여 팽창성의 물질을 생성하게 하는 알루미네이트상(C_3A) 등 일정 성분을 감소시켜 제조된 내황산염 포틀랜드시멘트나 중용열 포틀랜드시멘트를 사용할 수도 있다.

두 번째의 방식피복은 콘크리트 그 자체에는 부식저항성을 기대할 수 없고 방식피복 재료에 의해 부식성 물질의 침입을 막고 콘크리트를 보호하고자 방식피복재를 콘크리트의 표면에 접착하거나 또는 도포한다. 피복용 재료로는 폴리머시멘트 모르타르와 에폭시수지 등 여러 종류가 일반적으로 알려져 있다.

III 특수 콘크리트

1. 겨울철 기상이변과 콘크리트의 대응(Ⅰ)
2. 겨울철 기상이변과 콘크리트의 대응(Ⅱ)
3. 차폐 콘크리트(중량 콘크리트)
4. 콘크리트-폴리머 복합체의 개요 및 폴리머 시멘트 콘크리트
5. 폴리머 콘크리트
6. 폴리머 함침 콘크리트
7. 카본블랙을 이용한 콘크리트(Ⅰ)
8. 카본블랙을 이용한 콘크리트(Ⅱ)
9. 카본블랙을 이용한 콘크리트(Ⅲ)
10. 착색제를 이용한 컬러 콘크리트

1. 겨울철 기상이변과 콘크리트의 대응(I)

1. 서 언

그동안 우리는 사진 1과 같은 탄산가스 배출량 증가에 따른 온실효과로 사진 2와 같이 남·북극의 빙하가 녹아 해수면 높이가 높아지는 지구온난화 문제를 걱정해 왔다. 그러나 최근의 견해로는 우리나라는 물론이고 전 세계적으로도 온난화보다는 기상이변이 문제시됨에 따라 환경관리 대상이 수정되고 있다.

따라서 이 단원부터 다음 단원까지는 2009년 말부터 2010년 봄에 이르는 겨울철 기상이변을 교훈으로 하는 콘크리트의 대응에 대하여 기술하는데, 여기서는 기상이변 상황을 중심으로 기술해 본다.

사진 1 탄산가스 다량 배출(출처 : www.daum.co.kr)

사진 2　남극의 빙하 융해(출처 : www.daum.co.kr)

2. 기상이변상황

1) 기온변화

2010년 봄의 벚꽃 개화 시기는 예년보다 10일 정도 늦어진 것 같다. 이유는 지난 겨울의 기온이 낮음으로써 결국 적산온도(성숙온도)의 값이 작아졌기 때문이다.

즉 그림 1은 1999년부터 2008년까지 10년 간의 11월부터 3월까지의 월별 평균기온과 2009년 11월부터 2010년 3월까지의 월별 평균기온을 비교한 것이고, 그림 2는 2000년부터 2009년까지 10년 간의 1월 평균 기온을 총 평균기온 및 기온변동 추이로 나타낸 후 2010년의 1월 평균기온과 비교해 본 것이다.

2009년 12월부터 2010년 3월에 이르는 겨울의 경우는 전반적으로 낮은 기온 분포인데, 특히 2010년 1월의 경우는 월 평균기온이 10년 전 평균보다 약 −3℃(정확히 −2.9℃)로 낮게 나타나 유난히 추웠는데, 10년 간 추세선에서도 알 수 있듯이 포근해지던 경향에서 더욱 낮아졌기 때문에 기상이변으로 볼 수밖에 없다.

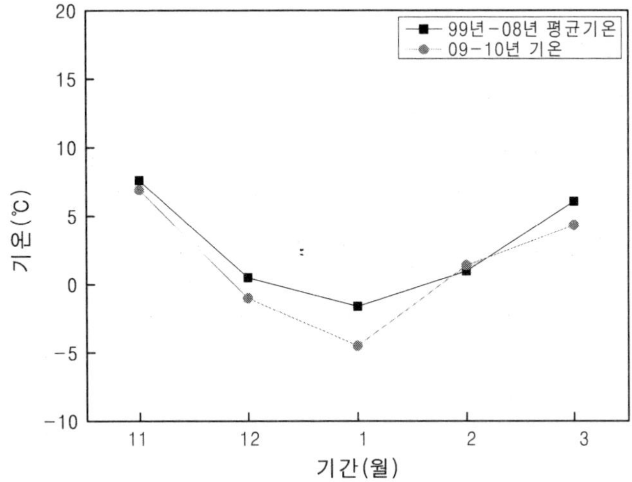

그림 1 겨울철 월 평균기온의 비교

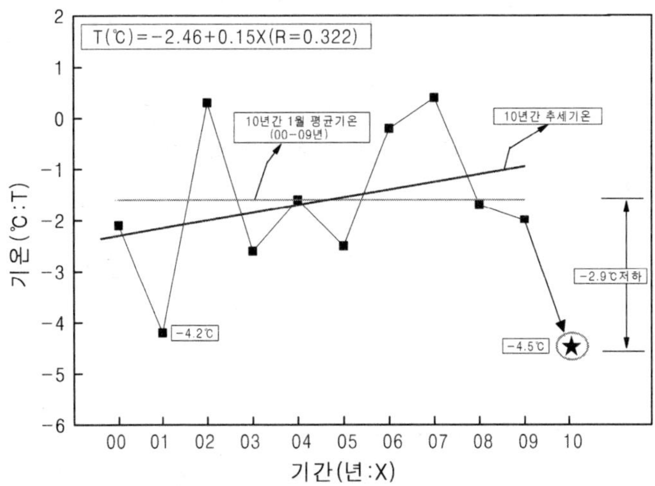

그림 2 경년변화에 따른 1월 평균기온의 비교

2) 강설의 변화

2009년에서 2010년에 이르는 겨울에는 기온뿐만 아니라 적설량에도 이변이 있었다. 즉 그림 3은 그림 1과 동일한 요령으로 10년 간의 월별 평균 적설량과 2009~2010년 겨울의 월별 적설량을 비교한 것이고, 그림 4는 그림 2와 동일한 요령으로 10년 간의 1월 적설량을 평균 적설량 및 적설량 변동추이로 나타낸 후 2010년 1월 적설량과 비교한 것이다.

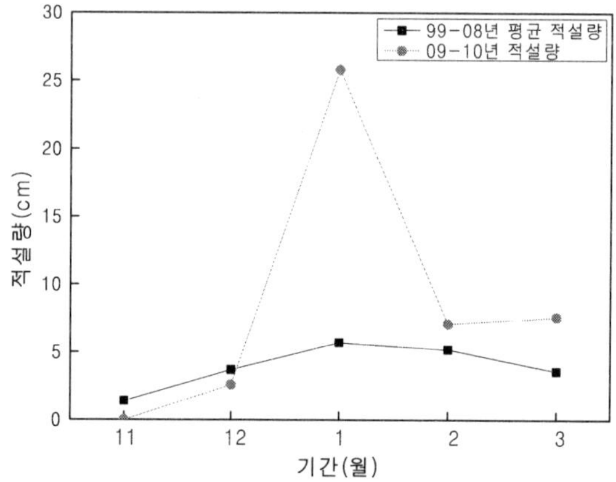

그림 3 겨울철 월별 적설량 비교

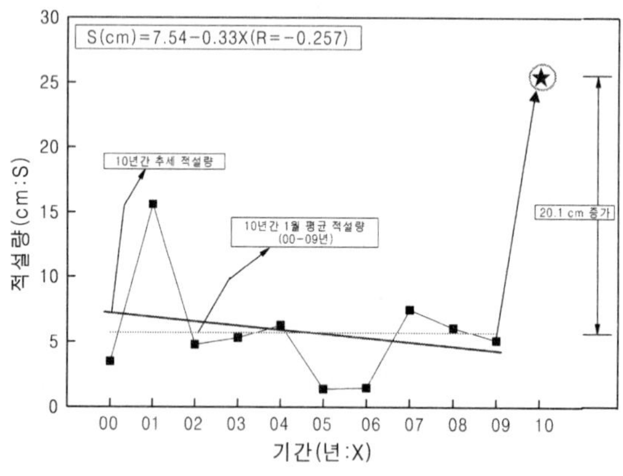

그림 4 경년변화에 따른 1월 적설량 비교

2010년 1월부터 3월까지는 예년(10년 평균)보다 적설량이 월등히 많은 것을 알 수 있는데, 특히 2010년 1월의 경우 예년평균보다 4~5배나 적설량이 많아서 유난히도 눈이 많았던 것으로 조사된다.

3) 기타 기상변화

전술한 2009~2010년 겨울은 기온 및 강설에서만 차이를 보인 것이 아니었다. 우선 일조시간(햇볕 쪼임 시간)이 예년보다 적었고, 강풍도 많았으며, 황사현상도 자주 발생하였고, 동결융해작용도 유난히 많았던 것으로 조사된다.

3. 이상기온이 생활 및 한중시공에 미치는 영향

2009~2010년 겨울과 같은 기상이변은 인간생활에 수없이 많은 영향을 미친다. 즉 많은 적설은 산불이 발생하지 않는 것은 좋은 점으로 작용될 수도 있겠지만, 농작물 피해, 산림피해, 교통사고 다량발생, 에너지 낭비 등등 인간생활에 막대한 영향을 미치지만 건설공사에도 적지 않은 피해를 주었다.

지면관계상 콘크리트에 대한 피해는 다음 단원으로 미루지만, 한중시공과 관련하여 예년보다 한중콘크리트 적용기간이 길어졌고, 초기동해가 많이 발생하였으며, 예정기간에 예상한 강도발현에는 부족함이 발생하였고, 작업불능일이 많아짐에 따라 공사기간도 늦어지게 되었다. 또한 가열보온양생 등에 따라 양생비용도 증가하여 결국 총체적으로는 한중콘크리트 시공비가 크게 증가하는 결과를 초래하게 되었다.

2. 겨울철 기상이변과 콘크리트의 대응(Ⅱ)

1. 서 언

전 단원에서는 겨울철 기상이변에 관한 최근의 상황과 기상이변이 생활 및 한중콘크리트 시공에 미치는 영향에 대하여 고찰한 바 있다. 이 단원에서는 전 단원의 연속으로 겨울철 기상이변이 콘크리트에 미치는 영향에 대하여 기술해 본다.

2. 폭설이 한중콘크리트 시공에 미치는 영향

한중콘크리트 기간 중 폭설은 교통의 흐름을 어렵게 하는 문제도 있지만 거푸집 제작, 철근배근 및 콘크리트 타설을 불가능하게 하는 문제점이 있다. 따라서 강설이 많은 일본의 삿보로 지역 등에서는 사진 1과 같이 양생상옥으로 주위뿐만 아니라 지붕까지도 가설 시설물로 만든 다음 콘크리트를 타설하고 있다. 그러나 우리나라의 경우는 겨울철 강설횟수가 3~4회 정도이면서 1~2일이면 쉽게 녹으므로 주위만을 가시설로 하고 지붕은 고려하지 않으며, 강설 시는 작업을 중지하는 것이 일반적이다.

그런데 2009~2010년 겨울은 눈 내리는 횟수가 예년보다 많았고, 양도 많았으며, 기온까지 낮아 쉽게 녹지 않음으로써 작업불능일이 크게 증가하였다. 따라서 우리나라 한중콘크리트의 경우 2009~2010년 겨울과 같은 기상이변이라면 일본 북해도처럼 지붕을 씌우는 양생시설을 고려하거나 혹은 내린 눈을 녹이는 온수 녹임 장비를 구비하는 등 고려가 필요하게 된다. 만약 눈을 녹이지 않고 눈 위에 콘크리트를 그대로 타설하게 되면, 눈이 있었던 부위만큼 거푸집 탈형 후 콘크리트가 경화되고 난 뒤에는 공동으로 남게 되므로 이와 같은 어리석음은 절대로 범하지 말아야 할 것이다.

사진 1 양생상옥시설

3. 동결융해작용 등 콘크리트 내구성에 미치는 영향

경화된 콘크리트가 겨울철 물이 존재하는 조건에서 얼었다 녹았다를 반복하는 동결융해작용을 받게 되면 동해 피해를 입게 된다. 콘크리트의 동해와 관련해서는 제 I 권 II-11을 참조하면 이해할 수 있겠지만 유난히도 2009~2010년 겨울은 저온과 강설, 다량의 염화칼슘 살포 및 다수의 동결융해작용까지 겹쳐져서 동해피해가 많이 발생하였다.

도로 등 토목구조물이며, 슬래브 등 건축구조물의 경우 예년에 볼 수 없는 격심한 동해피해가 많이 발생하였는데, 두 건의 사례를 통해 대책을 제안하여 본다.

1) 교량의 인도 부분 붕괴 사례

사진 2는 조선일보 2010년 4월 5일 A10면에 실린 교량의 인도쪽이 붕괴된 모습이다. 붕괴 원인은 신문에 "노후화가 가장 큰 원인이겠지만 다양한 가능성을 열어 두고 원인을 찾겠다."고 실려 있으므로 차후에 원인이 밝혀지면 확실히 알 수 있겠지만, 필자의 소견으로는 2009~2010년 겨울 격심한 동결융해작용에 따른 팽창성 동해가 원인일 것으로 보인다. 즉 대상 교량은 사고 발생부터 25년 전인 1986년 준공된 것으로 보도되고 있는 데, 콘크리트의 내동해성 중 팽창성 동해와 가장 중요하게 연관되는 것은 AE공기량이다. 그러나 1986년 개정 KS F 4009(레디믹스트 콘크리트) 이전에는 유감스럽게도 공기량 확보가 규정되어 있지 않았다. 따라서 AE공기량이 확보되지 않았으므로 동해가 발생할 수 있었는데, 누적된 동해피해는 2009~2010년 겨울 기상이변이라고 일컬어질 만큼 격심한 겨울환경이었으므로 극단적으로 붕괴에까지 이른 것으로 추측된다.

사진 2 교량 인도 붕괴(출처 : www.chosun.com)

사진 3 건물옥상 콘크리트 박리

2) 건물옥상 콘크리트의 동해 박리 사례

사진 3은 대전의 모 자동차 정비소 건물옥상 콘크리트의 동해 박리 사진이다. 당 건축물의 구조는 철골구조로써 지붕슬래브는 철골데크플레이트 위에 100 mm 콘크리트 타설 후 50 mm 단열재를 시공한 다음 100 mm 보호누름 콘크리트를 타설한 후 에폭시 수지로 도막방수를 하도록 설계되어 있었다. 그러나 현장 시공사항은 데크플레이트 위 콘크리트를 타설하고 피니셔로 마감, 소위 제물방수로만 시공된 것으로 조사되었다. 본 건물은 2007년 12월 중순 콘크리트가 타설되었음에 2번의 겨울을 지난 동안에는 아무런 문제가 없었으나, 2009~2010년 겨울 기상이변에 속할 만큼 격심한 동결융해작용이 가해진 후 2010년 봄의 경우 표면 전체가 한 겹 벗겨지는 격심한 스케일 동해(표면박리)가 발생하였다. 즉 본 대상 건축물의 콘크리트는 25-24-150으로 일반적인 것이었지만 특이한 것은 데크플레이트로 철판이 하부에 존재한다는 점이다.

타설된 콘크리트는 일반 합판거푸집과 달리 밀실함으로써 타설 중 거의 하부로 물이 새지 않는 조건에서 수평을 유지하기 위해 지나친 마감이 이루어짐에 따라 골재는 침하하고 표면은 모르타르 성분으로 재료분리되었는데, 피니셔 마감으로 표면부만 밀실하게 되었다. 따라서 1~2년은 방수기능을 수행하게 되었으나 피니셔 마감된 슬래브 콘크리트는 자연환경 속 시간경과에 따라 점차적으로 표면부에 균열이 발생하게 되었는데, 2009~2010년 겨울 같은 경우, 계속된 강설 및 저온환경에서는 피니셔 마감층 밑의 수평방향으로 물이 침투되어 결국 물의 동결 팽창력에 의해 층상으로 폭넓게 박리가 발생하게 된 것이다.

3) 대책

결국 2009~2010년 겨울과 같은 저기온, 많은 강설량, 다수의 동결융해작용과 같은 기상이변은 앞으로도 얼마든지 발생할 수 있다. 그러므로 내동해성을 확보하기 위한 AE공기량의 철저한 확보, 팝아웃 동해를 막기 위한 양질의 골재 사용, 스케일링 동해를 막기 위한 합리적인 배합설계, 시공철저 및 염화칼슘 살포금지 등 유지관리면에서도 만전을 기해야 할 것이다.

3. 차폐 콘크리트(중량 콘크리트)

1. 서 언

1986년 소련의 체르노빌 원전사고, 2011년 동일본 대지진시 대형 쓰나미에 의한 원전사고 등 방사선 물질 누출에 의한 안전문제가 중요시되고 있다.

따라서 이 단원에서는 시사적으로 조금 늦은 감은 있지만 방사선 물질의 위험을 막아주는 차폐콘크리트와 관련하여 개요, 콘크리트의 재료, 배합 및 시공 등에 대하여 기술해 본다.

2. 개 요

차폐콘크리트란 주로 생체방호를 위하여 감마(γ)선과 중성자 등의 방사선을 차폐할 목적으로 사용되는 콘크리트로 정의할 수 있다.

그런데 생체 방호목적의 차폐를 설계할 때 고려해야 할 방사선 중에는 표 1과 같이 α선, β선, γ선, X선, 중성자 등이 있는데, X선은 그 선원에 차이가 있지만 콘크리트의 차폐성능과 연관지어서는 기본적으로 γ선과 동일하게 고려한다. 또한, γ선 차폐체는 그림 1과 같이 α선, β선 등에 대해서도 유효하게 작용된다.

결국 중요하게 고려되는 γ선의 차폐성능은 차폐체의 밀도와 두께에 비례한다. 즉 두께가 일정하다면 밀도가 큰 만큼 차폐성능이 향상되고, 또한 밀도가 일정하다면 두께가 두꺼울수록 차폐성능이 향상된다.

반면, 중성자의 차폐는 γ선과 달리 결합수량, 붕소량과 밀접한 관계가 있다.

차폐콘크리트공사가 필요한 구조물로는 원자력발전소, 특수의료시설, 방사선 연구용 시설, 핵연료 재처리 및 저장시설, 핵폐기물 저장시설 등이 있다.

표 1 방사선의 종류와 성질

종류	본질	투과력	전리작용
α선	헬륨의 원자핵	약함	강함
β선	전자	중간	중간
γ선	전자기파	강함	약함
x선	전자기파	β와 γ선의 중간	β와 γ선의 중간
중성자선	중성자	강함	약함

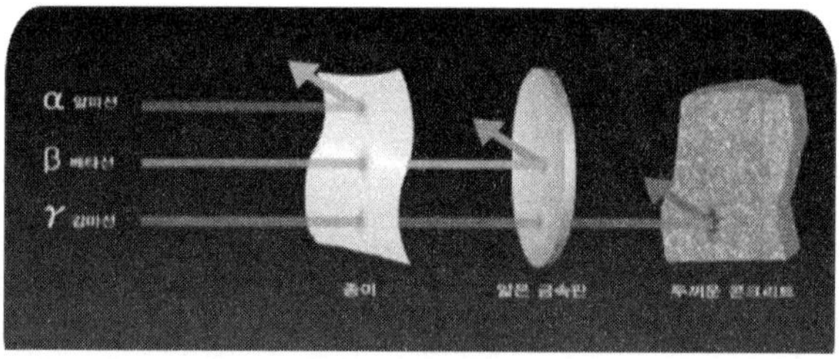

그림 1 방사선의 차폐

3. 차폐콘크리트의 재료 및 배합

1) 차폐콘크리트용 재료

차폐콘크리트용 재료로써 먼저 시멘트의 경우 특별히 정해진 시멘트에 대한 제약은 없다. 그러나 차폐콘크리트는 부재단면이 큰 경우가 많기 때문에 KS L 5201의 2종(중용열) 혹은 4종(저열)을 사용하거나 KS L 5211(플라이애시 시멘트)과 같은 수화열 발생이 적은 시멘트를 사용하는 것이 유리하다.

골재와 관련하여 차폐설계상 요구되는 콘크리트 밀도는 일반구조용 콘크리트와 같이 2,300 kg/m^3 정도라면 천연 잔·굵은골재, 부순 잔·굵은골재를 사용할 수 있다.

그러나 콘크리트의 밀도를 보통의 경우보다 높게 할 필요가 있는 경우에는 표 2와 같은 중정석(바라이트 : $BaSO_4$), 갈철광, 자철광, 적철광, 인철, 철 등의 중량골재를 사용하여야 한다.

표 2 골재종류와 콘크리트의 기건 단위용적질량

골재종류										
	잔골재	모래	모래	모래	모래	중정석	갈철광	인철	갈철광	인철
	굵은골재	쇄석골재	자철광	중정석	갈철광	중정석	갈철광	인철	철	철
콘크리트의 기건단위 용적질량 (t / m^3)		2.2~2.4	2.5~3.5	3.0~3.3	3.0~3.5	3.5~3.8	3.5~4.0	4.5~5.0	4.5~5.5	5.0~6.0

그러나 상기의 중량골재는 대부분 고가이고 구입도 용이하지 않다. 따라서 교과서나 시방서에도 소개는 없지만 저렴한 중량골재로는 KS F 2543의 동 슬래그 골재, KS F 2583의 연(납)슬래그 골재 및 KS F 4571의 전기로 산화 슬래그 골재 등이 있음에 골재 특성을 충분히 검토하면 차폐용 중량골재로 활용할 수 있다.

차폐용 콘크리트에 사용하는 화학혼화제는 콘크리트의 단위수량이나 단위 시멘트량을 적게 할 목적으로 감수제나 고성능AE감수제를 사용할 수 있다. 또한, 보통 콘크리트와 같이 플라이애시를 혼화재로 사용하는 경우도 있고, 제강슬래그 미분말, 철분 등을 혼화재로 첨가하여 소요의 차폐성능을 확보하는 경우도 있다. 물의 경우는 보통 콘크리트의 규정과 동일하다.

2) 차폐콘크리트의 배합

차폐콘크리트의 배합원칙은 보통골재를 사용하는 것과 마찬가지로 시험비비기를 통해 결정하면 된다. 단, 중량골재를 사용한 차폐콘크리트는 배합계획상 소요조건을 만족하더라도 콘크리트 타설 중에 과도한 침하, 재료분리, 공극 등이 생기면 이 부분으로 방사선이 누출될 수 있으므로 차폐체로서의 성능 확보가 되지 않는 것으로 간주된다. 특히 복잡한 단면 형상이나 과밀하게 배근된 부분, 매설철물이 많은 부분에는 충전성을 시험에 의해 검토하여야 한다.

슬럼프인 경우, 차폐용 콘크리트에서는 소요의 밀도를 확보하기 위해 일반구조용 콘크리트보다 슬럼프를 작게 하는 것이 바람직하다. 그러나 배근상태나 매설철물 등의 조건에 따라 밀실한 부위의 타설이 곤란하기 때문에 콘크리트 표준시방서에는 150 mm 이하로 규정하고 있다.

물시멘트비는 단위시멘트량이 과다하게 되지 않는 범위 내에서 가능한 한 적게하는 것이 원칙이다. 콘크리트 표준시방서에는 50 % 이하로 규정하고 있다. 단위수량은 차폐콘크리트의 경우 매우 높은 균일성과 균열방지가 요구되기 때문에 가능한 최소량이 결정되도록 하여야 한다.

4. 차폐콘크리트 시공

차폐콘크리트 제조는 적용할 구조물의 규모에 따라 달라질 수 있지만, 중량골재 등 특수재료를 사용할 필요가 있는 경우라면 제조설비를 잘 갖추고 있는 레미콘 공장을 이용하는 것이 좋다. 이 경우 차폐용 콘크리트에 사용하는 굵은골재나 잔골재 등이 보통골재와 혼합되지 않도록 저장하거나 계량할 수 있는 장치를 갖추어야 한다. 기타 재료 계량에서부터 비비기, 운반에 이르는 제반 사항은 보통 레미콘 제조와 동일하다.

차폐콘크리트에 있어 타설, 다짐, 양생 및 마무리의 현장시공은 보통 콘크리트와 동일하다. 단, 이어치기는 차폐 측면에서 방사선 누출의 결함부가 되기 때문에 가능한 고려하지 않도록 한다. 단, 부득이 이어치기를 할 경우에는 그 위치 및 형상은 선원에서의 방사선이 인체 혹은 측정기구가 있는 장소 등으로 직진하지 않도록 요철면의 형상이 되게 고려하여야 한다.

차폐용 콘크리트의 거푸집은 보통 콘크리트용보다 높은 강도, 강성 및 경도를 갖는 것이 필요하다. 즉 차폐콘크리트는 콘크리트 자체의 밀도가 크고, 슬럼프가 작은 것을 진동다짐하기 때문에 측압이 크고, 또한 방사선 차단상 약점이 되는 폼타이를 사용하지 않으며 기계와 연관되는 부위가 많은 관계상 콘크리트의 형상·치수에 높은 정밀도가 요구되는 점 등 때문에 특수성을 갖는다. 따라서 거푸집은 거푸집 겸 구조체가 되는 철골구조와 복합적인 방법 등도 고려하면 유익한 구조가 될 수 있다.

4. 콘크리트-폴리머 복합체의 개요 및 폴리머 시멘트 콘크리트

1. 서 언

최근 눈부신 경제성장과 함께 새롭고 다양한 건설재료에 관한 연구개발이 활발히 이루어지고 있다. 이와 같은 경향의 일환으로 이 단원부터 몇 단원에서는 콘크리트의 폴리머[Polymer : 중합체를 의미함. 단량체(모노머 ; Monomer)가 여러 개 이어진 것으로 고분자량 화합물을 의미하는 데 일반적으로 합성수지를 활용하는 것으로 이해해도 좋음] 복합체에 대하여 소개하도록 하는데, 이 단원에서는 폴리머-복합체의 개요 및 폴리머 시멘트 콘크리트에 대하여 기술하도록 한다.

2. 콘크리트-폴리머 복합체의 개요

일반적으로 콘크리트는 시멘트풀(시멘트+물)과 같은 결합재(Matrix)와 골재와 같은 입자(Particle)로 구성된 2상물질(二相物質)이다. 이에 비해 무기질 재료인 콘크리트의 결점을 보완하기 위해 유기질 재료인 폴리머를 포틀랜드 시멘트에 일부 또는 전부를 대체하여 콘크리트 내부조직을 강화시킨 재료를 총칭하여 콘크리트-폴리머 복합체(Concrete-polymer composites)라고 한다. 이러한 방법의 분류로는 그림 1과 같이 분류되는데, 대표적으로는 폴리머 시멘트 콘크리트, 폴리머 콘크리트 및 폴리머 함침 콘크리트의 3종류가 있다. 이하는 이와 같은 3종류의 콘크리트-폴리머 복합체에 대하여 상세한 내용을 기술하도록 한다.

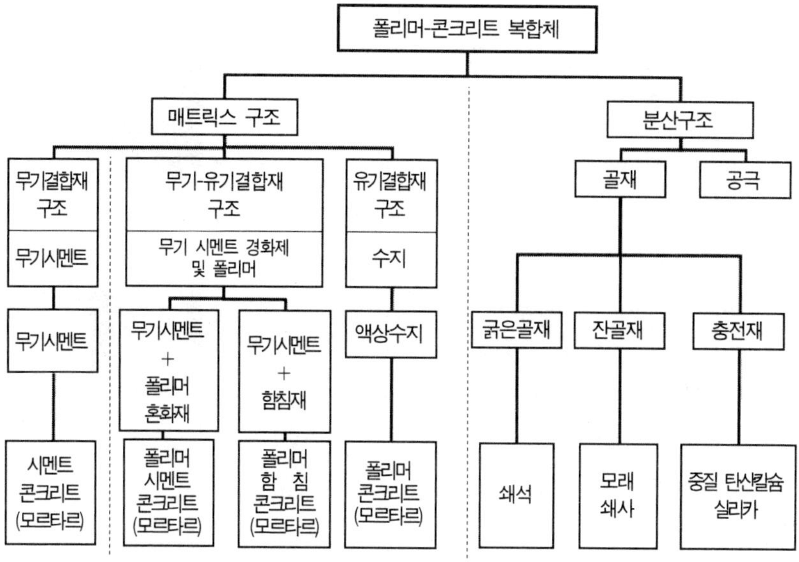

그림 1 콘크리트-폴리머 복합체의 분류

3. 폴리머 시멘트 콘크리트

1) 사용 재료

폴리머 시멘트 콘크리트에 사용되는 시멘트, 골재, 혼화재료 및 물 등의 사용재료는 일반 콘크리트용 재료와 동일하고, 특징적인 것은 폴리머 재료의 혼입이다.

즉 일반적인 시멘트 콘크리트에 액상인 폴리머를 혼합시키면 유동성 및 작업성이 매우 나빠지므로 이를 해결하기 위한 활용으로 다음 표 1과 같은 폴리머 디스퍼션(Dispersion : 분산이란 의미로 하나의 상(일례로 물) 속에 다른 물질(일례로 폴리머)이 미립자 상태로 산재되어 있는 것)과 재유화형(再乳化形 : 분말상으로 건조된 폴리머 물질로서 물을 가하면 재차 유화되는 재료) 분말수지 등의 개질방법이 주로 활용된다.

표 1 폴리머 개질방법 및 재료

폴리머 디스퍼션	
폴리머 디스퍼션은 0.03~1㎛ 정도의 구상 폴리머 미립자가 수중에 분산되어 있는 시멘트 혼화용 폴리머	SBR Latex EVA Emulsion PAE Emulsion

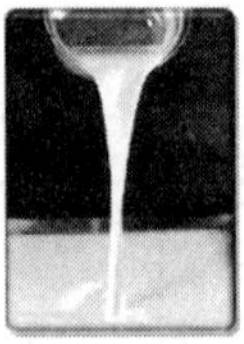

재유화형 분말수지	
폴리머 디스퍼션의 분무건조에 의해 제조되는 폴리머 분말로 물과 교반하면 재유화(또는 재분산) 가능한 시멘트 혼화용 폴리머	EVA VA / VeoVa

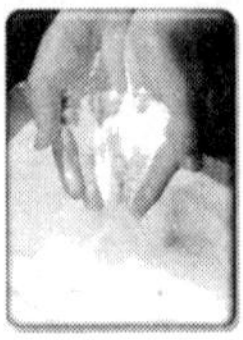

2) 특성

폴리머 시멘트 콘크리트의 개질원리로서, 먼저 보통 콘크리트에서 감수제, 유동화제 등의 경우는 굳지않은 콘크리트의 성능 향상에는 도움이 되지만 경화 콘크리트 상태에는 영향을 미치지 않는데 비하여, 폴리머 디스퍼션, 재유화형 분말수지 등을 활용할 경우는 굳지않은 콘크리트의 유동성 향상 등 품질개선은 물론이고, 경화 후 시멘트 수화물과 폴리머상이 일체로 되는 결합재조직을 형성하기 때문에 강도, 내구성 등 다양한 성능개선 효과를 발휘하게 된다.

이중, 폴리머 디스퍼션의 경우는 굳지않은 상태에서 계면활성제의 분산효과, 폴리머 입자의 볼베어링 작용 등에 의해 공기연행성 및 워커빌리티가 개선되고, 재료분리에 대한 저항성이 우수해지며, 또한 경화상태에서는 부착력 향상, 인장강도 및 휨강도 증가, 수밀성, 내약품성, 동결융해 저항성 등이 개선된다.

재유화형 분말수지의 경우도 시멘트 콘크리트 중에 재유화형 분말수지를 넣고 물과 함께 혼합하면 분말수지가 재유화하게 되므로 폴리머 디스퍼션과 같은 양상으로 거동하여 성능을 개선하게 된다. 단, 수성폴리머 디스퍼션에 비해 재유화형 분말수지를 사용하게 되면 다음과 같은 이점을 얻을 수 있다.

① 저장시 안정적이고, 동결 염려가 없다.

② 포장이 간단하므로 수송이 편리하다.

③ 시멘트나 골재 등의 재료와 혼합이 용이하다.

3) 활용 분야

폴리머 시멘트 콘크리트의 용도와 관련하여 폴리머 시멘트 모르타르는 우리나라에서 널리 사용되고 있으나, 폴리머 시멘트 콘크리트는 성능과 가격의 가치공학적 측면에서 효율성이 높지 않아 많이 사용되고 있지 않다.

참고로 폴리머 시멘트 콘크리트의 활용 가능 분야는 표 2와 같은데, 대표적인 활용 예로서 LMC 교면 상판 시공 모습은 사진 1과 같다.

〈본 자료의 일부는 공주대학교 황의환 교수로부터 제공받은 것임〉

표 2 폴리머-시멘트 콘크리트 활용 분야

용 도	시 공 분 야
포장재 또는 바닥재	사무실, 체육관, 공장 등의 바닥재, 도로, 활주로, 계단, Plat form 등
방수재	지붕Slab, 저수탱크, 터널, Pool, 지하실 등
접착재	타일용 접착제, 벽재, 단열재 등의 접착제, 신·구콘크리트의 타설면 등
보수재	콘크리트구조물의 균열보수, 철근부식 콘크리트의 코팅
방식재	화학약품공장, 폐수로, 정화조
Deck Covering재	교량 Deck, 선박 Deck

사진 1 LMC 포설 모습

5. 폴리머 콘크리트

1. 서 언

전 단원에서는 콘크리트-폴리머 복합체와 관련하여 개요 및 폴리머 시멘트 콘크리트에 대하여 기술하였다. 이 단원에서는 전 단원의 연속으로 폴리머 콘크리트에 대하여 기술한다.

2. 폴리머 콘크리트

1) 사용재료 및 배합

보통 시멘트 콘크리트의 사용재료에 비해 폴리머 콘크리트의 사용재료는 표 1과 같이 비교된다. 즉 폴리머 콘크리트의 경우 결합재로서 시멘트는 전혀 사용되지 않고 액상수지가 결합재의 역할을 하는데, 액상수지의 폴리머 반응을 개시·촉진시키는 개시제, 경화반응시 수축작용을 억제하기 위한 수축저감제, 사슬모양 고분자 사슬 사이에서 교량 역할을 하는 물질로 경도, 기계적 강도, 화학적 안정성 등을 부여하는 가교제가 활용된다.

표 1 시멘트 콘크리트와 폴리머 콘크리트의 사용재료 비교

구분	시멘트 콘크리트	폴리머 콘크리트
결합재	시멘트 + 물	액상수지 + 개시제(MEKPO, BPO) + 수축저감제(PS, PMMA) + 가교제(TMPTMA)
충전재	–	탄산칼슘, 실리카분말 (입자 크기 : 1~30 ㎛)
골 재	잔골재, 굵은골재	잔골재, 굵은골재

이때 액상수지인 폴리머 결합재의 종류로는 그림 1과 같이 열경화성수지, 타르변성수지 및 비닐 모노머가 있는데, 각 수지의 종류에 따라 많은 특성의 차이를 나타낸다.

또한 폴리머 콘크리트에는 골재와 골재 사이의 공극을 메워 액상수지량을 절약함으로써 경제성 및 제반 콘크리트 성능을 향상시킬 수 있는 충전재가 필요하게 되는데, 1~30μm의 탄산칼슘, 실리카분말 등이 사용된다. 골재의 경우는 표 2와 같은 특성을 갖는 것을 사용하도록 하는 것이 중요하다. 폴리머 콘크리트 배합은 요구성능 등에 따라 많이 달라질 수 있는 것이지만 참고적인 일례로 폴리머 콘크리트의 기본배합은 표 3과 같다.

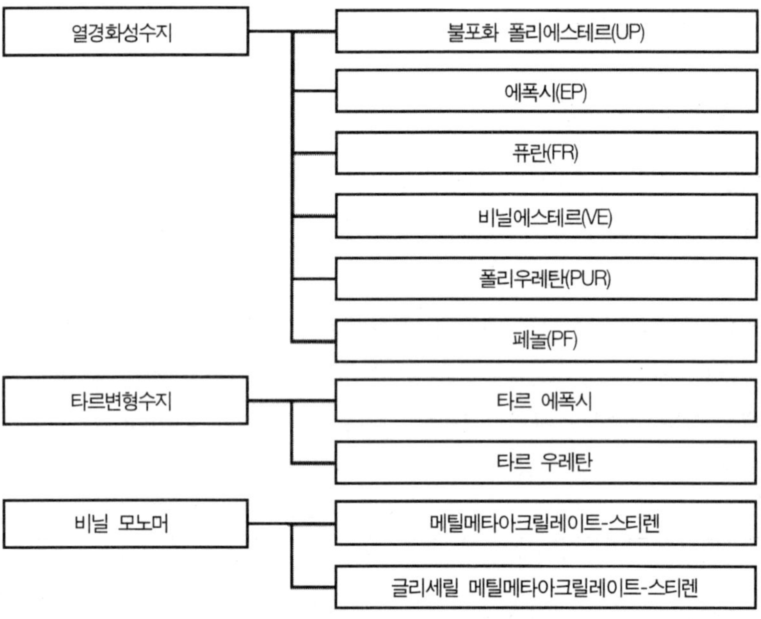

그림 1 폴리머 결합재의 종류

표 2 사용 골재의 요구조건

· 폴리머의 사용량을 줄이기 위해 실적률이 높을 것
· 고강도를 얻기 위해 골재 자체의 강도가 높을 것
· 함수율이 0.5% 이하가 되도록 건조하여 사용할 것
· 폴리머-결합재의 경화반응을 저해하는 불순물이 없을 것
· 폴리머-결합재의 흡수량이 적을 것
· 충전재로 입경 1~30 ㎛ 중질탄산칼슘, 실리카분말, 플라이애시 등을 사용할 것

표 3 폴리머 콘크리트의 기본배합 일례

액상수지 (%)	수축저감제 (%)	충전재 (%)	잔골재 (%)	굵은골재 (%)
8~10	2	20	20	46~48

2) 특성

폴리머 콘크리트의 특성으로, 먼저 워커빌리티의 경우는 폴리머 결합재의 고점성 때문에 보통 시멘트 콘크리트보다 현저히 저하한다.

따라서 양호한 워커빌리티를 확보하기 위해서는 결합재인 액상폴리머의 점도, 사용량과 충전재의 종류 및 사용량, 골재의 입형, 밀도, 잔골재율 및 사용 시 온도 등을 신중히 고려해야 한다.

폴리머 콘크리트의 경화시간은 시멘트 콘크리트와 가장 크게 대별되는 것으로서 개시제인 경화제 및 촉진제의 첨가량을 변화시키면 상온에서 1~3시간만에도 탈형이 가능하고 조기 교통개방도 가능하다.

단, 폴리머 콘크리트는 경화 시 3~6(10^{-3}~10^{-4})의 큰 수축이 발생하여 균열 발생, 내부응력 손실 및 부재치수의 정밀도에 영향을 미칠 수 있다. 그러므로 폴리머 콘크리트 제조 시에는 수축저감제의 사용으로 반드시 수축을 제어할 필요가 있다.

폴리머 콘크리트의 역학적 특성 및 내구성은 매우 탁월한 면을 갖는다. 즉 압축강도 70~160 MPa, 휨강도 14~35 MPa, 인장강도 5~14 MPa로 보통 시멘트 콘크리트의 3~5배 값을 가진다.

또한, 폴리머 콘크리트는 접착강도도 크고, 내동해성, 중성화, 알칼리골재 반응, 염해, 내약품성 등 내구성도 매우 우수한 특성을 나타낸다.

3) 활용 분야

폴리머 시멘트 콘크리트는 성능이 우수한 반면 가격 또한 고가이므로 건축용도보다는 농업용 및 토목분야 등 지면에 접하는 분야에 많은 활용 예를 보인다.

일례로 농업용 수리시설 제품, 급배수용 제품, 전기통신시설용 제품, 인조 대리석 및 경관용 제품, 해양구조물, 터널보수용, 진동흡수대 등이 되는데 그 활용 예는 사진 1~3과 같다.

〈본 자료의 일부는 공주대학교 황의한 교수로부터 제공받은 것임〉

사진 1 공원의 벤치 화단

사진 2 공원의 전주, 화단

사진 3 거리의 쓰레기통

6. 폴리머 함침 콘크리트

1. 서 언

전 단원에서는 콘크리트-폴리머 복합체 중 폴리머 시멘트 콘크리트와 폴리머 콘크리트에 대하여 기술하였다. 이 단원에서는 콘크리트-폴리머 복합체에 대한 소개의 마지막으로 폴리머 함침 콘크리트(Polymer Impregnated Concrete : 경화된 콘크리트 내부 공극 속으로 액상의 반응성 모노머 물질을 함유 및 침투시켜 중합처리하여 강화하는 복합체)에 대하여 기술한다.

2. 폴리머 함침 콘크리트

1) 제조 공법 및 종류

폴리머 함침 콘크리트는 모노머상의 폴리머 결합재 및 골재를 함께 믹서 내에 넣고 혼합하는 폴리머 시멘트 콘크리트 및 폴리머 콘크리트와는 다른 제조방법을 갖는다. 즉 경화된 피함침재에 액상의 반응성 모노머를 함침·중합시켜 강화하는 복합체공법으로서 폴리머 함침공법에는 표 1과 같은 전 함침공법과 부분함침공법으로 나누어 제조된다.

2) 사용 재료

(1) 피함침재

폴리머 함침 콘크리트에 이용되는 피함침재로는 프리캐스트 제품에 적용할 경우와 현장시공 중 적용되는 경우로 나누어 표 2와 같은 것이 있다.

표 1 폴리머 함침공법

* 전함침공법 · 콘크리트 부재의 전체에 모노머를 침투시켜 폴리머를 생성시키는 공법 · 크기가 제한되고 양산이 가능한 프리캐스트 공장제품의 제조에 사용 * 부분함침공법 · 콘크리트 부재의 표면 또는 일부에만 모노머를 함침시키는 공법 · 현장시공의 마무리 작업 또는 일부 방수를 요하는 프리캐스트 제품의 표면에 적용 · 전함침공법으로 제조한 얇은 판을 영구 거푸집으로 콘크리트를 현장타설하는 경우에 적용

표 2 피함침재

* 프리캐스트 제품 적용시 · 시멘트 콘크리트 성형품, 파이프, 파일, 칼버트 등의 콘크리트 제품 · 폐로시멘트 제품, 석고제품 * 현장시공중 적용시 · 경화된 시멘트 콘크리트 현장 자체를 피함침재로 사용함

(2) 모노머 함침재

폴리머 함침 콘크리트에서 액상반응성 모노머는 피함침재 속으로 깊이 안정적으로 침두되기 위하여 저점도의 화합물을 필요로 한다. 이와 같은 저점도 함침재는 메타그릴산메틸(MMA)이나 스티렌(Styrene)이 대표되는데, 중합 후 폴리머 조직을 강화시킬 목적으로 가교제를 첨가하기도 한다. 참고로 MMA 및 스티렌 모노머의 특성은 표 3과 같다.

표 3 모노머 함침재의 특성

물 성		모노머	
		MMA	스티렌
모노머	점도(20℃, cP)	0.58	0.76
	밀도(20℃, g/cm^3)	0.94	0.91
	증기압(20℃, mmHg)	35.00	2.90
	비점(760mmHg, ℃)	100.80	145.20
	인화점(℃)	29.40	31.00
	물에 대한 용해도(20℃, %)	1.35	0.029

또한, 폴리머 함침 콘크리트에는 모노머의 중합반응을 일으키고 또한 촉진시킬 수 있는 개시제도 필요하게 되는데 개시제의 형태 및 종류는 표 4와 같다.

표 4 개시제의 형태 및 종류

개시제의 형태	개시제의 종류
Organic peroxide	Benzoyl peroxide(BPO) Hydro peroxide(ROCOH)
Redox agent	BOP + DMA
Azo compound	AIBN
Organometallic compound	$AI(C_2H_5)_3$, $B(C_2H_5)_3$

3) 제조 방법

폴리머 함침 콘크리트의 제조방법으로는 공장제품 제조방법, 현장 폴리머 함침공법, 급속현장 폴리머 함침공법 등이 있다. 이때 대표적인 공장제품 제조방법은 그림 1과 같으며, 공법별 약간의 차이는 있지만 원리는 동일하다.

이때 액상 모노머와 개시제의 반응을 촉진시키기 위해서는 방사선 조사법, 촉매 가열법, 자외선법(Ultraviolet) 등도 이용된다.

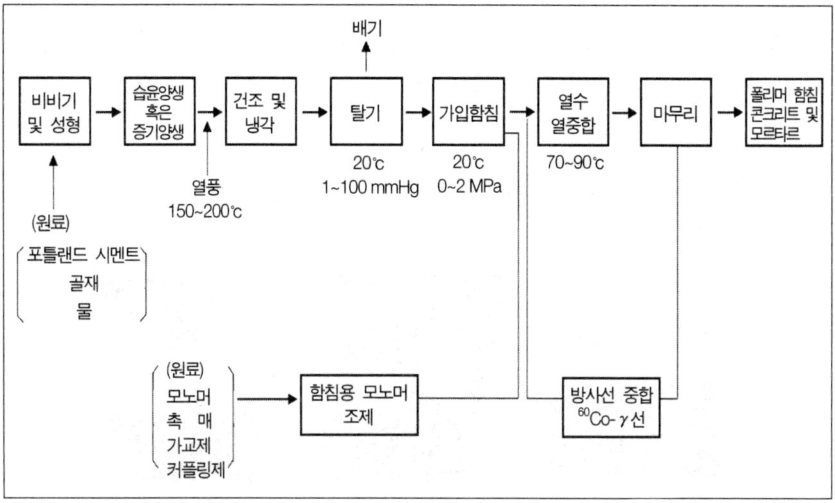

그림 1 공장에서의 폴리머 함침 콘크리트 및 모르타르 제조공정

4) 특성

폴리머 함침 콘크리트의 특성은 주로 함침시키는 폴리머의 종류 및 특성과 피함침재에 침투되는 깊이(침투량) 및 처리조건에 따라 크게 달라진다. 일반적으로 폴리머 함침 콘크리트는 폴리머 함침 후 압축 및 휨강도와 탄성계수가 크게 증가한다.

또한, 내구성적인 측면에서도 폴리머 침투로 치밀한 구조를 형성하여 외부 물질의 침투 방지효과로 염화물 침투 및 황산염의 침투 등 내화학적 특성과 내부식성이 월등하고, 내마모성 및 동결융해 저항성도 우수해지는 등 전반적으로 내구성이 향상된다.

5) 활용 분야

폴리머 함침 콘크리트는 함침 및 중합공정이 복잡하고, 단가 또한 비싸다. 따라서 폴리머 함침 콘크리트의 공장제품 적용으로는 프리캐스트, 파이프, 타일, 영구 거푸집 등의 제조에 이용되고, 현장적용으로는 고속도로 포장, 교량, 공항 활주로, 수공구조물, 원자력시설, 해양구조물, 댐구조물의 보수공사 등에 일부 이용되고 있다.

참고로 폴리머 함침 콘크리트의 현장적용 사례는 사진 1과 같다.

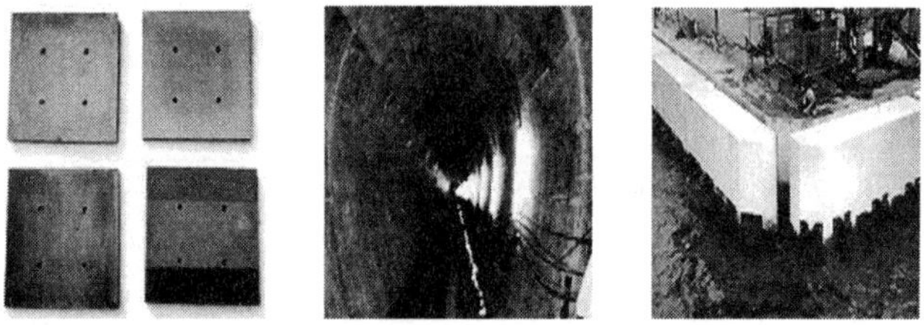

(a) 폴리머 함침 영구 거푸집 (b) 함침 시트 이용 터널 보강 (c) 해안구조물 현장 함침

사진 1 폴리머 함침 콘크리트의 현장적용 사례

〈본 자료의 일부는 공주대학교 황의환 교수로부터 제공받은 것임〉

7. 카본블랙을 이용한 콘크리트(I)

1. 서 언

콘크리트는 유기·무기계의 다양한 물질을 넣고 혼합함으로써 특별한 구조체를 완성할 수 있다. 이렇게 완성된 콘크리트 구조체에는 그 넣어주는 물질에 따라 다양한 특성이 나타난다.

이 단원에서는 검정색을 띠는 초미립자인 카본블랙(Carbon black)을 콘크리트에 넣고 혼합한 다음 실구조체에 적용한 사례를 중심으로 연속하여 기술해 본다.

2. 카본블랙의 개요

카본블랙이란 국어사전에 의하면 '천연가스, 기름, 아세틸렌, 타르, 목재 등의 불완전연소로 만들어지는 흑색의 미세한 탄소가루'라고 되어 있다.

일반적으로 카본블랙의 입자는 보통구형(Beadtype)이고 결정성 물질인데, 제조공정에 따라 표 1 및 그림 1과 같이 다양하게 변화시킬 수 있다.

사진 1 카본블랙

표 1 제조공정별 카본블랙의 특성

구분	채널 블랙	퍼니스 블랙	아세틸렌 블랙	램프 블랙	서멀 블랙
원료	천연가스	원유	아세틸렌 가스	원유	천연가스
공정	불완전연소	열분해	열분해(발열)	불완전연소	열분해
특성	고휘발분 저회분	생산성 향상	고순도 고구조	–	저구조
입자경(nm)	10~27	17~70	30~50	50~100	100~250
표면적(m^2/g)	110~1,125	20~200	60~70	20~95	6~15
회분함량(%)	~0.1	0.1~1.0	0	~0.16	0.02~0.38
유황함량(%)	~0.1	0.05~1.5	0.02	–	~0.4

카본블랙의 주성분은 95~99 %가 탄소이다. 각 제조공정별 특성으로 채널 블랙은 그을음이 나는 불꽃을 철로 된 채널에 접촉시켜 그을음을 만들고, 이 채널을 고정된 긁음 장치에 긁어서 얻는다. 퍼니스(로 : 爐) 블랙은 연소로에서 여러 종류의 액체 혹은 기체 탄화수소를 불완전연소시켜 얻는다. 아세틸렌 블랙은 진공상태의 내화용 연소실에서 800℃까지 예열한 아세틸렌 기체를 열분해시켜 얻는다. 오래 전부터 흑색색소로 알려진 램프 블랙(유연이라고도 함)은 통풍을 조절할 수 있는 용광로 속에 있는 얕은 팬 용기에 콜타르를 분별 증류한 크레오소트 같은 기름을 태워 심한 연기를 만들어 얻는다. 서멀 블랙은 진공상태에서 탄화수소를 가열한 내열재와 접촉시켜 탄화수소를 분해해 얻는다.

각 제조공정별 입자분포는 그림 1과 같은 데 대략 20~50 nm로 실리카퓸의 100 nm 전후보다 1/2~1/4 정도이고, 시멘트입자 10~50 μm(10,000~50,000 nm)보다는 1/1,000 정도로 미세하다.

카본블랙의 용도는 먹, 잉크, 페인트 등의 원료로 검정색을 내는데 쓰이지만 가장 대표적으로는 자동차 타이어에 내마모성 증진용으로 검정색을 나타나게 하는 물질이고, 검정색 콘크리트용 색소로도 이용된 바 있다.

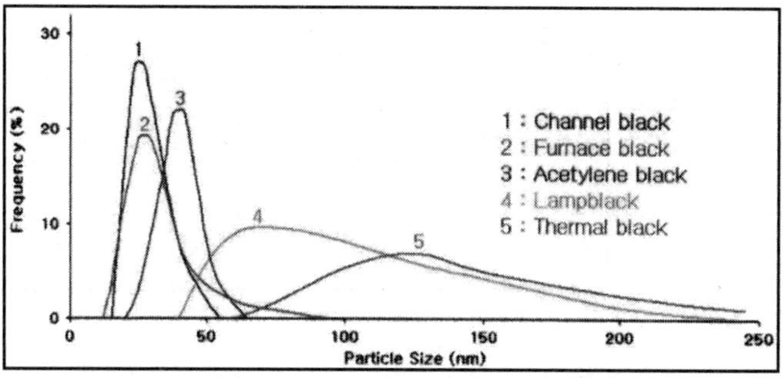

그림 1 제조공정에 따른 Carbon black 입자 사이즈별 분포도

3. 삼성아동교육문화센터에 활용

카본블랙을 건축재료에 이용했던 사례는 페인트, 플라스틱제조 외에 시멘트기와, 인터로킹블록 등의 제조에 오래 전부터 이용되어 왔다. 그러나 건설구조체에 이용한 것은 세계적으로 일본 후쿠오카에 있는 Office for Metropolitan Architecture의 2개 건물과 미국 LA의 Parada Project 등 극히 일부에 사용되었다.

국내의 경우는 2004년 서울 한남동에 있는 삼성 미술관 리움(Leeum)의 삼성아동교육문화센터(지하 2층, 지상 4층)의 지상 1층 외벽과 지상 2층의 슬래브인 블랙박스 부분에 적용되었다. 당시 설계는 네덜란드 출신 건축가 램 쿨하스(Ram Koolhaas)에 의해 실시되었고, 시공은 삼성물산(주) 건설 부문으로 배합설계 및 Mock-up시험 등은 기술연구소 이승훈 박사 등에 의해 주도되었고, 현장시공은 손명식 소장에 의해 완성되었다.

구체적인 배합사항은 높이 8 m, 두께 25 cm의 얇은 벽체 시공이 가능하도록 13-30-230 레미콘으로 제조하였는데, 검정색 발휘는 산화철 원료의 흑색안료(독일산) 10 %에 카본블랙 1.2 %가 사용되었다. 총 콘크리트 타설량은 슬래브 189 m^3, 옹벽 220 m^3 합계 409 m^3인데, 상세한 배합사항은 표 2 및 실구조체 모습은 사진 1과 같다.

표 2 현장적용 배합표

구분	W/B	S/a	단위재료량(kg/m^3)					
			W	C	C.B	Pig.	Ad	소포제
Black Color Concrete (13-30-23)	37.3	45.0	168	450	5.4 (1.2%)	45.0 (10%)	13.5 (3.0%)	0.45 (0.1%)

사진 2 블랙 콘크리트

(출처 : http : //blog.naver.com/happypang337)

(상세한 사항은 이승훈, 김규동, 정삼룡, 손명식 ; 한남동 아동교육문화센터 블랙컬러 콘크리트의 배합설계 및 시공기술, 콘크리트학회지, 제16권 3호, 2004.5, pp.50~58을 참조하기 바람)

8. 카본블랙을 이용한 콘크리트(Ⅱ)

1. 서 언

전 단원에서는 카본블랙의 개요와 카본블랙을 이용한 블랙(검정) 콘크리트의 일례로써 삼성아동교육문화센터에 대하여 소개하였다. 이 단원에서는 전 단원에 이어 카본블랙의 성능 향상으로 초고강도 콘크리트용 혼화재료로의 활용 가능성을 분석한 예에 대하여 소개한다.

2. 카본블랙의 성능 향상

전 단원에서 언급한 바와 같이 카본블랙은 제조공법에 따라 다르지만 일반적으로는 30㎚ 전후의 구형상 초미립자로서 실리카퓸보다도 미세하다. 따라서 실리카퓸 공극을 채울만큼 공극충전 효과는 우수하지만 소수기로서 물에 잘 분산되지 않고, 또한 미연소 탄소로 제조되는 만큼 콘크리트 중에서는 AE제를 흡착하여 AE공기를 만들지 못하므로 동결융해작용에 쉽게 부서지는 문제점을 안고 있다.

따라서 이와 같이 카본블랙의 문제점을 해결하기 위하여 국내 OCI(주)에서는 그림 1과 같이 성능향상을 실시하였다. 즉 카본블랙의 표면을 아미노실리카로 개질처리하여 친수기인 CASB(Carbon Amino Silica Black)를 만들고 (일부 실리카는 포졸란 반응도 가능) 또한 이와 같은 입자 표면에 폴리칼본산계 고성능감수제를 붙여 새로운 타입의 고성능감수제인 CASB-SP를 완성하게 되었다.

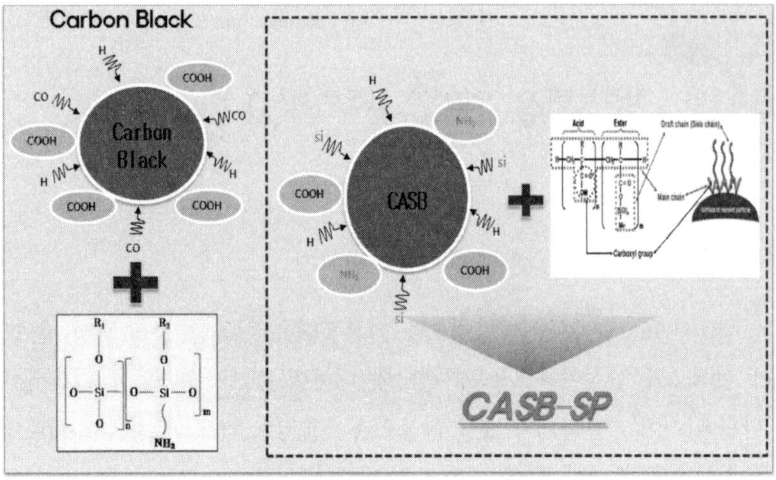

그림 1 CASB-SP의 제조

3. 초고강도 콘크리트에 대한 활용성 검토

개발된 CASB-SP는 품질상 우수한 성능을 지녔지만 가격면에서 고가인 것이 문제점이다. 따라서 보통 콘크리트에 활용하기에는 가치공학적으로 의미가 없음에 고가인 실리카퓸을 쓰는 초고강도 콘크리트에 실리카퓸의 대용을 검토하게 되었다.

표 1 및 2는 실험계획 및 배합사항이다. N으로 표기된 것은 일반고성능감수제인데, 이 경우는 실리카퓸 8 %를 치환한 것을 플레인으로 하였고, 실험변수로는 고성능감수제로 CASB-SP를 이용하고 실리카퓸을 0~8 %까지 증가시키는 것에 대하여 실험하였다.

표 1 실험계획

<table>
<tr><th>구분</th><th colspan="2">실험요인</th><th colspan="2">실험수준</th></tr>
<tr><td rowspan="4">배합
사항</td><td rowspan="2">기본
배합</td><td>W / B (%)</td><td>1</td><td>25</td></tr>
<tr><td>목표 슬럼프 플로우
(mm)</td><td>1</td><td>600 ± 100</td></tr>
<tr><td rowspan="2">실험
변수</td><td>고성능감수제 종류
(%)</td><td>2</td><td>CASB−SP*, N**</td></tr>
<tr><td>SF치환율(%)</td><td>5</td><td>0, 2, 4, 6, 8</td></tr>
<tr><td rowspan="2">실험
사항</td><td colspan="2">굳지않은
콘크리트</td><td>3</td><td>· 슬럼프 플로우
· 공기량
· 응결시간</td></tr>
<tr><td colspan="2">경화
콘크리트</td><td>2</td><td>· 압축강도(3, 7, 28일)
· 자기수축 길이변화율</td></tr>
</table>

* CASB화합물 고성능감수제

** 일반 고성능감수제, 실리카퓸 치환율 8 %에 한하여 적용

표 2 배합사항

<table>
<tr><th rowspan="2">구분</th><th rowspan="2">W / B
(%)</th><th rowspan="2">SF
치환율
(%)</th><th rowspan="2">AD
(%)</th><th colspan="7">단위용적질량 (kg / m^3)</th></tr>
<tr><th>W</th><th>C</th><th>BS</th><th>FA</th><th>SF</th><th>S</th><th>G</th></tr>
<tr><td>N - 8</td><td rowspan="6">25</td><td>8</td><td>1.6</td><td>158</td><td>329</td><td>190</td><td>63</td><td>51</td><td>716</td><td>846</td></tr>
<tr><td>C* - 0</td><td>0</td><td>2.0</td><td>158</td><td>379</td><td>190</td><td>63</td><td>0</td><td>725</td><td>857</td></tr>
<tr><td>C - 2</td><td>2</td><td>2.2</td><td>158</td><td>367</td><td>190</td><td>63</td><td>13</td><td>722</td><td>854</td></tr>
<tr><td>C - 4</td><td>4</td><td>1.4</td><td>158</td><td>354</td><td>190</td><td>63</td><td>25</td><td>720</td><td>851</td></tr>
<tr><td>C - 6</td><td>6</td><td>1.6</td><td>158</td><td>341</td><td>190</td><td>63</td><td>38</td><td>718</td><td>849</td></tr>
<tr><td>C - 8</td><td>8</td><td>2.0</td><td>158</td><td>329</td><td>190</td><td>63</td><td>51</td><td>716</td><td>846</td></tr>
</table>

* 여기서, C는 CASB−SP를 의미함

실험결과는 그림 2~5와 같은데, 결론적으로 동일 유동성을 발휘하기 위해서는 N보다 CASB-SP(고형분 영향)를 증가시켜 주어야 하지만 공기량, 응결시간, 자기수축에는 변화가 없고, 압축강도는 CASB-SP에서 크게 증가하였다. 특히 실리카퓸을 치환하지 않은 (C-0) 경우 N-8보다 크게 나타나 결국 실리카퓸 8 %를 감소시킬 수 있는 효과로서 경제적으로도 유리함을 알 수 있다.

따라서 차후 초고층 건축물의 고강도콘크리트에 CASB-SP를 적용하게 되면 효과적인 결과를 가져 올 수 있을 것으로 사료된다.

(본 내용은 동양시멘트 기술연구소 유승엽 씨의 청주대 박사학위 논문의 일부임)

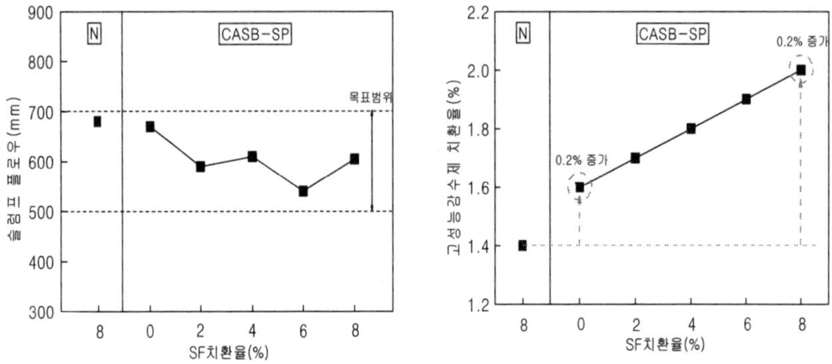

그림 2 SF 치환율에 따른 슬럼프 플로우 및 고성능감수제 첨가율

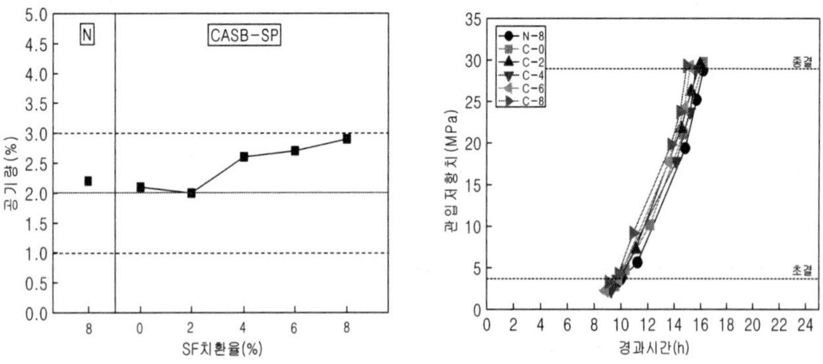

그림 3 SF 치환율 변화에 따른 공기량 및 응결시간의 관입저항치

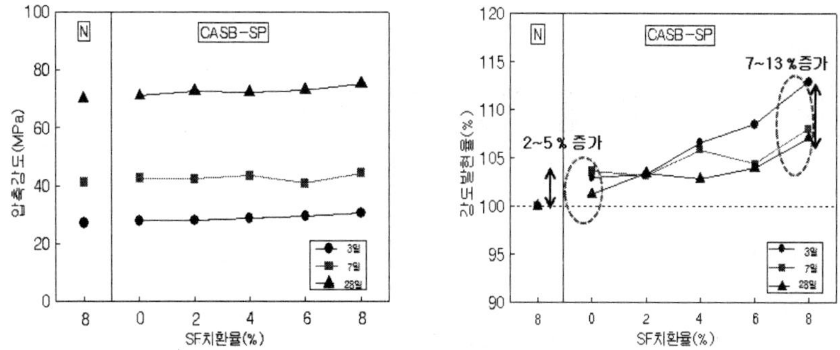

그림 4 SF 치환율에 따른 압축강도

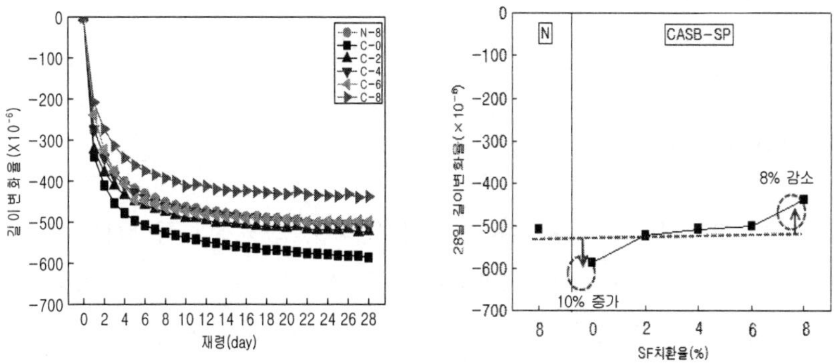

그림 5 SF 치환율에 따른 자기수축 길이변화율

9. 카본블랙을 이용한 콘크리트(Ⅲ)

1. 서 언

전 단원에서는 카본블랙을 표면개질 및 고성능감수제로 성능 향상시킨 CASB-SP를 초고강도 콘크리트에의 활용 가능성에 대하여 분석한 내용을 소개하였다.

이 단원에서는 전 단원에 이어 성능 향상된 CASB-SP를 블랙 콘크리트 교량에 활용한 사례에 대하여 소개하고자 한다.

2. 검정색 교량에 활용

우리나라는 태권도 종주국이다. 따라서 태권도진흥재단 등에서는 전라북도 무주군에 그림 1과 같은 태권도원을 건설한 바 있는 데, 그 중 6개의 교량을 태권도 실력별 도복에 매는 띠의 색깔을 형상화하여 건설하게 되었다.

그림 1 CASB를 사용한 현장적용(무주태권도원)

이 중 특히 최상부의 2개 교량(품원교, 흑원교)은 검은 띠를 상징하여 검은색 교량으로 설계·시공되어 현재는 완성된 상태이다.

전 단원에서도 언급한 바와 같이 카본블랙은 실리카퓸보다도 작은 미립자인데, 고성능감수제로 성능 향상시켜 콘크리트 구성요소들 사이로 잘 분산하게 되므로 당초 설계에 6~8 %의 카본블랙을 사용하지 않으면 안 되던 것을 1/10 수준으로 감량하여도 가능할 수 있었는데, 이를 입증하기 위한 실험은 표 1과 같이 계획하였다.

사용재료는 주변 레미콘공장에서 사용하는 것으로 하였고, 시험방법은 KS에 따르는 표준적인 방법으로 실시하였다.

표 1 실험계획

실험요인				실험수준	
배합사항	기본배합	W / B (%)		1	·45
		목표 슬럼프 (mm)			·180 ± 25
		목표 공기량 (%)			·5.5 ± 1.5
	실험변수	혼화재료 종류 및 사용량 (C × %)	CASB[1]	5	·0(plain), 1.25(0.25)[2], 2.50(0.50), 3.75(0.75), 5.0(1.0)
			분말형 카본	1	·1.0
실험사항	굳지않은 콘크리트			2	·슬럼프(0, 60분) ·공기량(0, 60분)
	경화 콘크리트			3	·압축강도(3, 28, 91일) ·표면조도 ·발색도

1) 배합비 = CASB(20) : SP(6) : W(74)
2) 괄호 안의 숫자는 순수 카본블랙의 양임

실험결과 그림 2~5와 같이 CASB-SP 치환율이 증가할수록 유동성과 공기량 및 압축강도는 크고, 응결시간은 지연되었으며, 검정색도 진하게 나타났는데 SP제량으로는 2.5 % 카본블랙량만으로는 0.5 %일 때 경제성 및 품질적인 측면에서 최적으로 밝혀졌다.

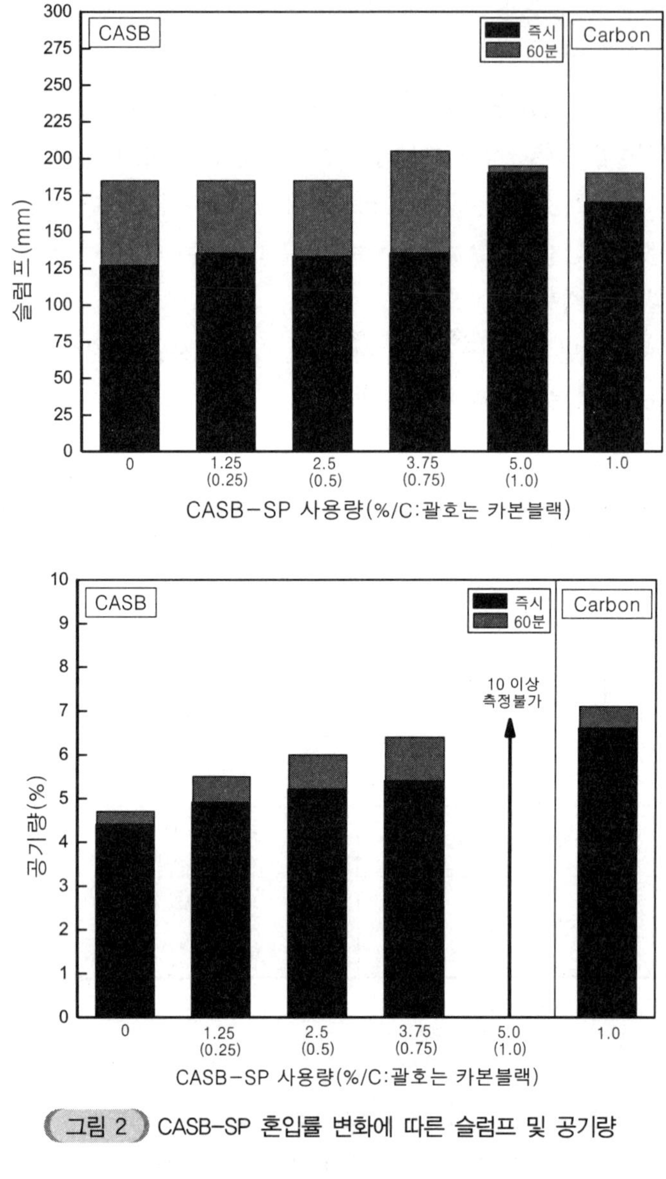

그림 2 CASB-SP 혼입률 변화에 따른 슬럼프 및 공기량

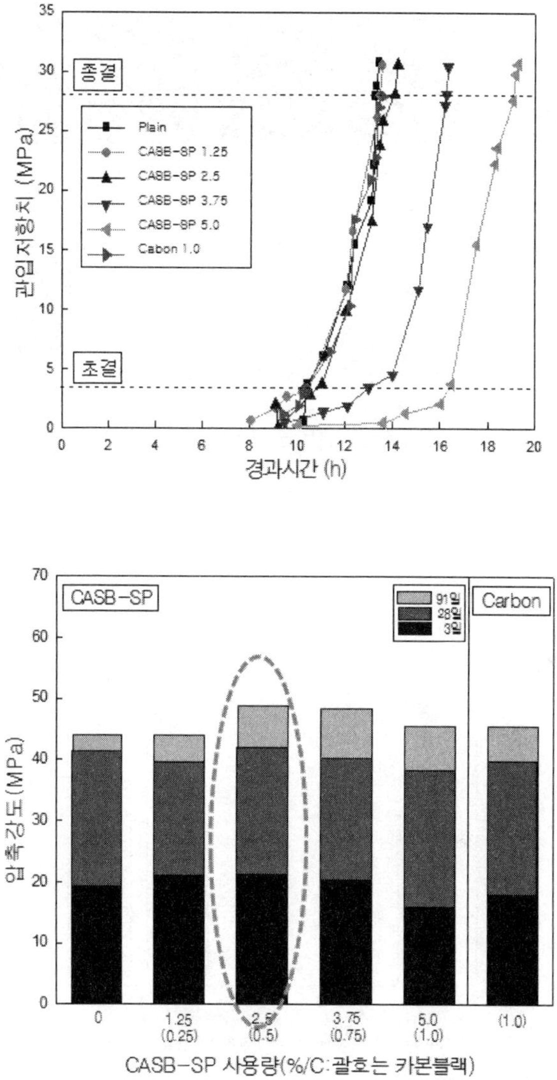

그림 3 CASB-SP 혼입률 변화에 따른 관입저항치 및 재령별 압축강도

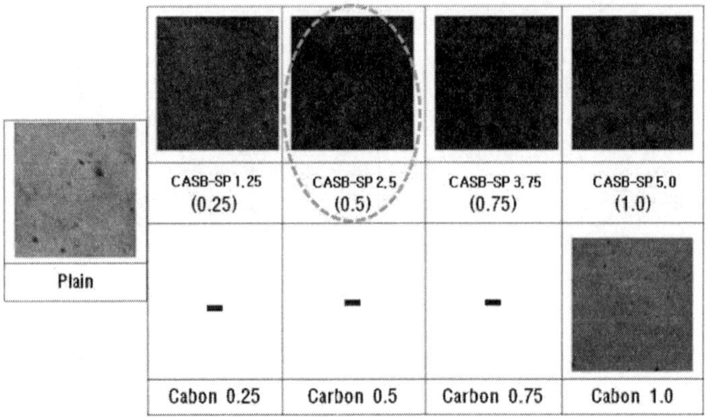

그림 4 CASB-SP 혼입률 변화에 따른 발색특성 사진

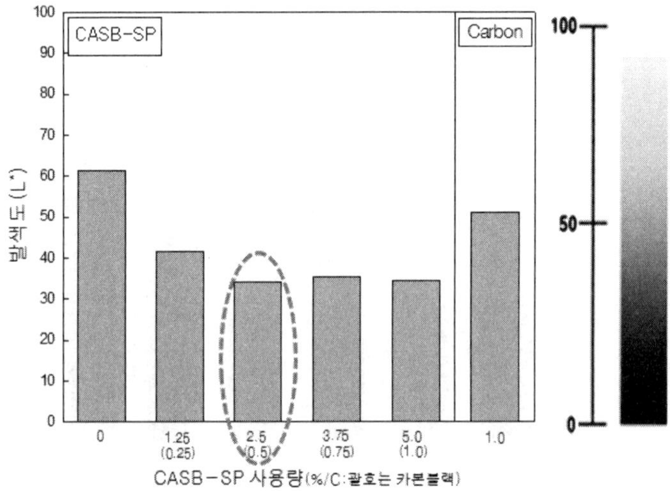

그림 5 CASB-SP 혼입률 변화에 따른 발색특성

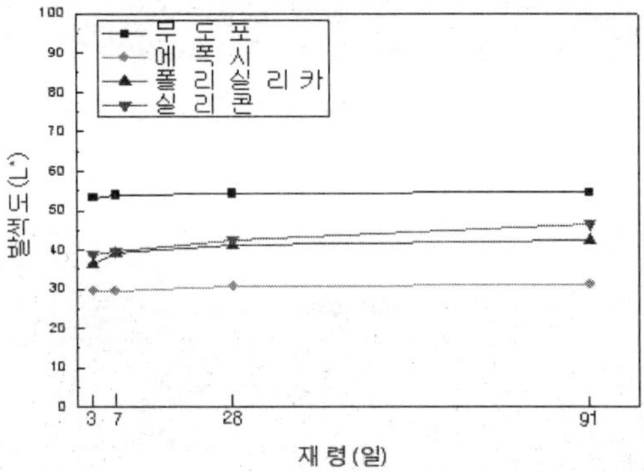

측정 항목		측 정 값			
		3일	7일	28일	91일
압축강도(MPa)		17.9	24.3	39.7	45.6
발색도(L*)	Plain	53.12	53.85	54.32	54.61
	에폭시	29.55	29.57	30.83	31.23
	실리콘계	38.72	39.55	42.46	46.32
	폴리실리카	36.16	39.39	41.09	42.44

그림 6 Mock-up Test 발수재 종류별 발색특성

사진 1 CASB-SP를 사용한 블랙 콘크리트의 현장시공 모습

사진 2 완성된 교량 모습

따라서 그림 6과 같이 Mock-up 시험을 실시하고 아울러 백화방지를 목적으로 발수성 발수제를 코팅하는 것도 실험하였다. 실험결과 에폭시계 도막방수제가 가장 양호하여 현장시공에 적용, 사진 1, 2와 같이 완성할 수 있었다.

〈본 자료는 홍성민의 청주대학교 박사학위 논문의 일부임〉

10. 착색제를 이용한 컬러 콘크리트

1. 서 언

콘크리트의 색상은 일반적으로 무채색인 회색을 나타낸다. 이와 같은 색깔은 설계자에 따라 소박한 느낌을 주는 것으로 이해하여 노출콘크리트, 광택 노출콘크리트 등으로 활용되고 있지만, 가능하다면 빨강, 노랑, 파랑 등 다양한 색깔로 콘크리트가 연출된다면 디자인의 폭은 더욱 넓힐 수 있을 것이다.

따라서 이 단원에서는 콘크리트의 다양한 색상을 구현할 수 있는 착색제 및 착색제를 이용한 컬러 콘크리트에 대하여 기술해 본다.

2. 착색제

콘크리트용 착색제란 국한된 표면에 색을 입히는 도료나 뿜어 붙이기 재료와는 다르게 모르타르나 콘크리트의 내·외부 전체를 색으로 물들이기 위하여 사용하는 재료를 말한다.

이와 같은 착색제는 무기안료와 유기안료로 나뉘는데, 무기안료는 천연광물을 그대로 또는 이를 가공·분쇄하여 만드는 것과 아연, 티탄, 납, 철, 구리, 크롬 등의 금속산화물을 원료로 하여 만드는 것이 있는데, 가격이 저렴하고, 사용량도 많으며, 내열성·내광성이 있는 것이 특징이다.

반면 유기안료는 유기화합물을 주체로 하는 안료로 물에 불용성인 염료 또는 수용성인 염료에 금속염 등을 가해서 침전시킨 것이 있다. 내열성·내광성은 무기안료만 못하지만 색의 종류가 많고, 색상이 선명하여 도료, 플라스틱 염색 등에 널리 사용되고 있다.

일반적으로 컬러 콘크리트용 착색제로는 무기안료가 주로 사용되는데 대표적인 색별 안료의 종류는 표 1과 같다.

표 1 안료의 종류

색	명칭	발색 성분
적색	빨간색 산화철	산화제2철(Fe_2O_3)
갈색	농황색 합성산화철	산화제2철(Fe_2O_3)
황색	황색 합성산화철	수산화철($Fe_2O_3 \cdot H_2O$)
녹색	산화크롬	산화크롬(Cr_2O_3)
녹색	시멘트 그린(Cement green)	황토와 구리 Phthalocyanine blue의 혼합물
청색	울트라마린(Ultramarine)	$2(Al_2Na_2Si_3O_{10})Na_2S_2$
청색	시멘트 그린	체질안료와 Copper Phthalocyanine blue의 혼합물
청색	Copper Phthalocyanine blue	유기안료
청색	코발트 블루	$CoO \cdot nAl_2O_3$
자주색	자주색 산화철	산화제2철 고온생성물
검정색	카본블랙(Carbon black)	탄소(C)
검정색	흑색합성산화철(철흑)	Fe_2O_4 또는 $Fe_2O_3 \cdot FeO$
백색	산화티탄	TiO_2

안료로 색깔을 내는 경우는 단일안료로 색상을 발휘하는 경우도 있지만, 2종 이상의 안료를 혼합함으로써 다양한 색상을 발휘하는 경우도 있는데, 표 2는 안료혼합에 따른 색의 일례를 나타낸 것이다.

일반적으로 시멘트의 경우 검정색이나 어두운 색은 보통포틀랜드 시멘트를 이용하지만 밝은색의 경우는 백색포틀랜드 시멘트를 사용하여야 한다.

표 2 색의 혼합

Y7 + R3 =	[주황색] = 노랑 7 : 빨강 3
W8 + R2 =	[분홍색] = 하양 8 : 빨강 2
R7 + B3 =	[고동색] = 빨강 7 : 검정 3
Y6 + G4 =	[연두색] = 노랑 6 : 초록 4
R5 + B5 =	[보라색] = 빨강 5 : 파랑 5
Y7 + B3 =	[초록색] = 노랑 7 : 파랑 3
W8 + B2 =	[하늘색] = 하양 8 : 파랑 2
O2 + W8 =	[살　색] = 주황 2 : 하양 8
O8 + B2 =	[밤　색] = 주황 8 : 검정 2

3. 컬러 콘크리트 시공

컬러 콘크리트는 레미콘에서 안료를 첨가하는 것이 중요한데, 표 3과 같이 안료를 첨가하는 시기에 따라 3종류로 구분되지만 가장 많이 채택되는 방법은 플랜트 믹서에서 투입하는 방법이다.

표 3 컬러 콘크리트의 안료 첨가방법

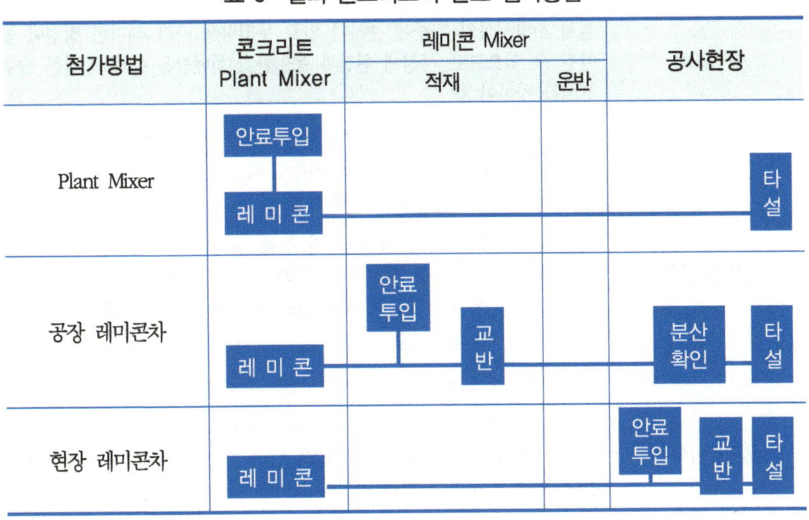

안료를 투입하기에 앞서 설계자의 의도에 따른 색상 구현을 (실험실 실험뿐만 아니라 Mock-up시험까지 거쳐) 충분히 검토받은 다음 안료의 종류와 사용량이 결정되어야 한다.(일반적으로 시멘트량 대비 3~10% 사용)

안료의 보관은 실내에 보관하는데 우천 시를 대비하여 비닐포장 상태로 보관하고, 안료투입은 2인 1조로 작업하는데, 일정한 색상이 발휘되도록 관리하며, 마스크 등 개인 보호 장구도 철저히 준비하여 안전에도 유의할 필요가 있다.

당연한 것이겠지만, 컬러 콘크리트를 출하할 경우는 타제품은 출하하지 않고 전용으로 생산 및 시공설비를 활용해야 하고, 감리 또한 철저히 실시하여 콘크리트 품질이 저하되지 않도록 해야 하는데, 컬러 콘크리트 사용상 주의사항은 다음 표 4와 같다.

표 4 컬러 콘크리트 사용상의 주의사항

구 분	내 용
강도	노출콘크리트의 강도설계에 준한다. 안료 투입량에 따라 약간의 강도저하를 줄 수 있으므로 사전에 시험배합을 통해 강도저하치를 확인해야 함
슬럼프치	설계 시방서상의 기준에 준하나 안료 투입량에 따라 레미콘 점성이 높아질 수 있으므로 사전에 현장과 동일한 시험배합을 통해 적절한 슬럼프치를 찾아야 함
현장타설	고주파 바이브레이션을 사용하는 것이 저주파에 비해 면을 고르게 뽑을 수 있고, 나머지 작업자들은 거푸집 측면을 고무망치로 두드려서 면 기포가 발생하지 않도록 관리해야 함
거푸집 탈형	일반 노출콘크리트보다 양생속도가 늦을 수 있으므로 4~5일 후에 탈형하면 좋다. 특히 노출 외부에는 백화현상에도 영향력이 있을 수 있고, 거푸집 탈형 후에는 필요에 의해 면을 보양해 줄 수도 있음
보수	보수는 차후 백화현상방지와 발수를 위해서라도 반드시 필요하며, 전문 보수업체를 선정하여 백화와 기타 면을 보수해야 함.
컬러 이색	레미콘사의 시멘트, 자갈, 모래, 플라이애시, 고로슬래그 미분말 등의 자재에 의해 색상이 균일하지 않게 나올 수 있으므로 관리해 주어야 한다. 시공시 층마다 컬러 이색이 보이는 것은 양생 정도의 차이임

우리나라의 경우 컬러 콘크리트의 시공 사례는 많지 않지만 사진 1과 같은 건축물의 예를 들 수 있다.

(a) 대구 보건전문대 강의동 (b) 강우석 감독 주택

사진 1 컬러 콘크리트의 시공 사례 (우먼피브먼트 시공 사례)

IV 레미콘 품질관리

1. 품질시험의 기본단위「로트(lot)」

1. 서 언

인간이 동물과 다른 점은 생활을 계획하면서 영위하는 것이 아닐까 싶다. 즉 하루하루의 생활에서부터, 며칠 간의 휴가 및 결혼에서부터 일생을 살아가는 삶 등이 그럴 수 있다.

이와 마찬가지로 건설공사의 품질관리도 일련의 전체 공사계획 중 하루하루의 실험값을 실험계획에 의해 관리하고, 품질을 확보해 나가는 것이 필요하다. 그러기 위해서는 품질확보 절차가 있어야 하고 또한 그에 따른 시험이 수반되는데, 기본적으로 품질시험의 기본단위인「로트(lot)」를 정확히 이해하면서 시험에 임해야만 올바른 평가가 이루어질 수 있다.

따라서 이 단원에서는 품질시험의 기본단위인 로트에 대하여 정의, 올바른 적용 및 잘못된 오류의 시정 등을 기술해 본다.

2. 정의

로트란 백과사전에 의하면 '1회에 생산되는 특정수의 제품단위. 일반적으로 한 덩이라는 의미를 가지며, 경영학상 생산이 실시되는 단위의 수량이다. 생산이 한 개씩 실시되는 경우에는 로트의 문제는 발생하지 않는다.'라고 설명하고 있고, 또 다른 설명으로 로트란 '제품의 품질을 관리하기 위해 동일 원료 · 동일 공정에서 생산되는 그룹을 나타내는 번호, 같은 종류나 같은 상표의 1군의 상품을 가르키는 말로 그 1군의 개수가 많거나 크면 로트가 많다 또는 크다라고 한다.'

따라서 1로트란 동일 원료·동일 공정에서 생산되는 제품의 품질을 관리하기 위해 그룹을 나타내는 용어로서 품질시험검사의 대상이 되는 한 덩어리라고 이해되면 바람직할 것이다.

따라서 품질검사 대상은 모든 재료별로 상황에 따라 달리 정해지는 데 일례로 레미콘 생산을 대상으로 하여 로트의 구분과 관련된 용어를 정리하면 다음 그림 1과 같은데, 이때 특히 공시체로서 1개, 1회, 1로트는 분명히 구분지어져야 한다.

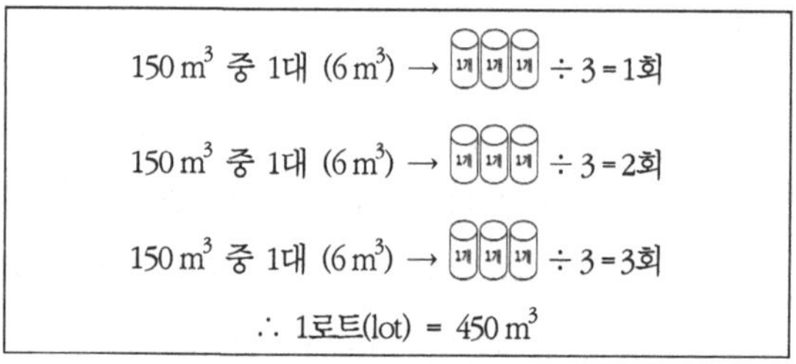

그림 1 레미콘 생산의 경우 1로트

3. 로트의 올바른 적용

최근 레미콘의 경우 전통적으로 150 m^3당 1회(1로트는 3회로 450 m^3)로서 KS F 4009(레디믹스트 콘크리트) 및 콘크리트표준시방서에 동일하게 적용되어 오던 것이 콘크리트표준시방서 2009년 개정판에서는 표 1과 같이 100 m^3당 1회(1로트는 3회로 300 m^3)로 새롭게 개정되어 레미콘 공장 품질관리 담당자 및 건설공사 품질관리 담당자들을 혼란스럽게 하고 있다.

즉 콘크리트표준시방서상 100 m^3당 1회의 비율로 품질시험 및 검사를 개정한 것은 얼마 전 레미콘의 계량기록 2중 관리 등 불신문제와 관련하여 현장 품질관리를 엄격화(ACI의 경우는 120 m^3당 1회)하기 위한 조치로 규정개정이 이해된다.

표 1 압축강도에 의한 콘크리트의 품질검사

종류	항목	시험·검사 방법	시기 및 횟수[1]	판정기준	
				$f_{ck} \le 35\,\mathrm{MPa}$	$f_{ck} > 35\,\mathrm{MPa}$
설계기준압축강도로부터 배합을 정한 경우	압축강도 (일반적인 경우 재령 28일)	KS F 2405의 방법[1]	1회/일, 또는 구조물의 중요도와 공사의 규모에 따라 100 m^3마다 1회, 배합이 변경될 때마다	① 연속 3회 시험값의 평균이 설계기준압축강도 이상 ② 1회 시험값이 (설계기준압축강도−3.5 MPa) 이상	① 연속 3회의 시험값의 평균이 설계기준압축강도 이상 ② 1회 시험값이 설계기준압축강도의 90% 이상
그밖의 경우				압축강도의 평균치가 소요의 물-결합재비에 대응하는 압축강도 이상일 것.	

1) 1회의 시험값은 공시체 3개의 압축강도시험값의 평균값임

표 2 검사로트 및 시험횟수

원칙적인 검사로트 (300 m^3의 배수)	원칙적인 검사로트 ±100	필자가 제안하는 조정안	검사 로트수	시험횟수 (회)
300 이하	−	0~50 50~100 100~200	1	1×(0+3[1])=3 1×(1+2[1])=3 1×(2+1[1])=3
300	200~400	200~400	1	1×3=3
600	500~700	400~700	2	2×3=6
900	800~1,000	700~1,000	3	3×3=9
1,200	1,100~1,300	1,000~1,300	4	4×3=12

1) 동일 강도, 동일 재료로 본 공사와 다른 공사현장에 출하된 레미콘의 시험자료를 받는다. 단, 동일 강도, 동일 재료로 출하되는 다른 현장이 없는 경우는 3회 시험을 실시할 수밖에 없다.

따라서 레미콘 품질시험 및 검사에서 먼저 레미콘 공장에서 실시하는 제품검사 측면의 로트는 당연히 KS F 4009의 규격에 따라 무한 모집단 개념에서 150 m^3당 1회씩 450 m^3를 1로트로 종전대로 관리하면 문제가 없다.

단, 레미콘이 건설공사현장에 도착한 다음 실시하는 수입검사(레미콘 입장에서는 납품검사)에서의 로트는 당연히 콘크리트 표준시방서 규정에 따라 유한 모집단 개념(해당 공사현장에 반입되는 레미콘만이 대상이 됨)에서

$100\,m^3$당 1회씩 $300\,m^3$ 전후를 납품자와 협의하여 1로트로 검사하면 올바른 품질관리가 된다.

물론, 현장 배처플랜트를 설치하고 레미콘을 제조한 후 건설현장에 반입하는 경우(KS 규격품이 아님), 혹은 종전의 믹서로 비빔하여 콘크리트를 타설하는 등의 옛날 방식 콘크리트 품질관리는 당연히 콘크리트표준시방서에 따라 $100\,m^3$당 1회씩 $300\,m^3$ 전후를 1로트로 시험검사하여야 한다.

4. 잘못된 오류의 시정

① 품질시험은 기본이 1로트, 2로트 등으로 정수단위가 되어야 한다. 즉 $1\frac{1}{3}$로트, $2\frac{2}{3}$로트 등은 잘못된 적용이다. 일례로 금일 $360\,m^3$의 콘크리트 타설이 계획되어 있다고 가정하고, 개정된 콘크리트표준시방서 규정에 따라 시험을 실시한다면, $100\,m^3$마다 1회씩으로 실무에서는 4회를 실시하는 경우가 많다. 결국 $1\frac{1}{3}$로트라는 설명인데, 이는 품질관리를 모르는 사람의 계획으로 이 경우는 표 2를 참조하여 1로트 3회($120\,m^3$당 1회씩으로 계획)를 시험하면 타당한 것이다.

② KS F 4009의 규정에 품질시험의 로트 크기는 '인수·인도 당사자 사이의 협정에 따라 조정할 수 있으며'라고 기술하고 있는데, 이는 잘못된 서술이다. 즉 KS규격은 공산품생산에 관한 것으로 레미콘 생산과정 중 제품검사까지만을 기술하고, 레미콘을 운반트럭에 적재하여 수요자에게 납품하면 그 단계에서 완성이다. 따라서 레미콘의 수입검사(레미콘 입장에서 납품검사)는 시방서에서 다루어야 할 사항으로 그 이후 부분까지 KS규격에서 다뤄주면 상충되는 부분이 발생하여 해결이 어려워지는 문제점이 발생한다. 따라서 콘크리트표준시방서 해설에 포함되어야 할 로트 크기 결정에 관한 것이 KS F 4009 부록의 해설 중 10(검사)에 기재되어 있는 표는 역시 잘못된 것이므로 삭제되어야 한다.

2. 블록 및 벽돌의 품질규정 문제(I)

1. 서 언

국가의 표준으로, 1966년도 6월과 10월에는 KS F 4002로 속빈 콘크리트 블록(이하 블록)과 KS F 4004로 콘크리트 벽돌(이하 벽돌)이 제정되었고, 1966년도 11월에는 건축공사표준시방서에 제7장 조적공사가 제정되었는데, KS 표준 및 시방서는 수차례의 개정을 거쳐 현재에 이르고 있다. 따라서 국가표준인 KS와 시방서가 개정을 반복하면서 그 시대의 상황을 잘 반영하고, 품질 향상을 기하면서 계속적으로 발전해 온 것은 당연한 일이겠지만, 그렇지 못한 것이 있다면 애석한 일이 아닐 수 없다.

따라서 이 단원 및 다음 단원에서는 블록 및 벽돌제조와 관련하여 특히 재료 중 '골재' 및 제조 중 '물/시멘트비'와 관련한 사항에 대하여 발전방향을 제안해 보고자 한다.

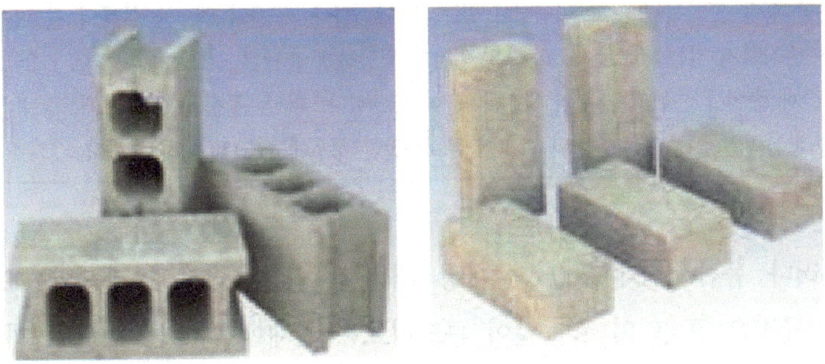

사진 1 블록 및 벽돌

2. 골재의 입도규정 변천

1966년 제정된 KS F 4002 및 4004를 구할 수 없어 정확히 알 수는 없지만, 1984년도 투고한 논문에 의하면 KS 규격 및 시방서상 블록 및 벽돌 제조용 골재는 일반적인 품질 제한과 함께 입도를 표 1과 같이 규정하고 있었다.

표 1 블록 및 벽돌 제작용 골재의 입도

체 크기 (mm)	10	5	2.5	1.2	0.6	0.3	0.15
통과율 (중량%)	100	65~85	45~65	20~50	24~40	10~30	5~20

그러나 언제부터인가는 정확하지 않지만 입도가 표준범위에 들지 않는 것이 많은 실무를 고려하여 1997년 판에는 표 2와 같이 특별히 입도 규정을 정하지 않고 '겉모양 및 품질을 손상하지 않는' 것으로 '크고 작은 입자가 적당하게 혼합한 것'을 규정하였다.

표 2 골재에 관한 블록 및 벽돌의 규정(1997)

골재는 보통 골재, 경량 골재, 그 밖에 이와 유사한 불연성인 것으로 유해량의 진흙, 유기 불순물 등을 포함하지 않고 내구성이 있는 것으로 한다. 골재의 입도는 블록의 겉모양 및 품질을 손상하지 않는 것으로 크고 작은 입자가 적당하게 혼합된 것으로 한다. KS F 2511에 따라 골재 중에서 손실되는 것의 양은 3% 이하로 한다. 다만, 부순돌, 부순모래, 경량골재, 고로슬래그 잔골재 등으로 손실되는 것이 골재분말인 경우에는 10% 이하로 한다.

그러나 유감스럽게 2003년 개정 블록 및 벽돌 규정과 계속되는 2011년 개정 규정은 표 3 및 4와 같이 콘크리트용 골재에 따르는 것으로 개정되어 있다.

표 3 골재에 관한 블록의 규정(2003~2011)

골재는 보통 골재, 경량 골재, 그 밖에 이와 유사한 불연성인 것으로 하며, KS F 2526, KS F 2527, KS F 2534, KS F 2543, KS F 2544, KS F 2573에 따른다.

표 4 골재에 관한 벽돌의 규정(2003~2011)

골재는 깨끗하고 강하며, 내구적이고 적당한 입도를 가지며, 먼지, 점토덩어리, 얇은 돌조각, 가늘고 긴 돌조각, 유기불순물, 염화물 등의 유해물질을 유해량 함유해서는 안 되며, KS F 2526, KS F 2527, KS F 2534, KS F 2543, KS F 2544, KS F 2573에 따른다.

3. 입도규정의 분석 및 품질관련 규정의 발전방향

결국 그동안에 입도규정 변천을 입도곡선으로 작도하면 그림 1과 같다.

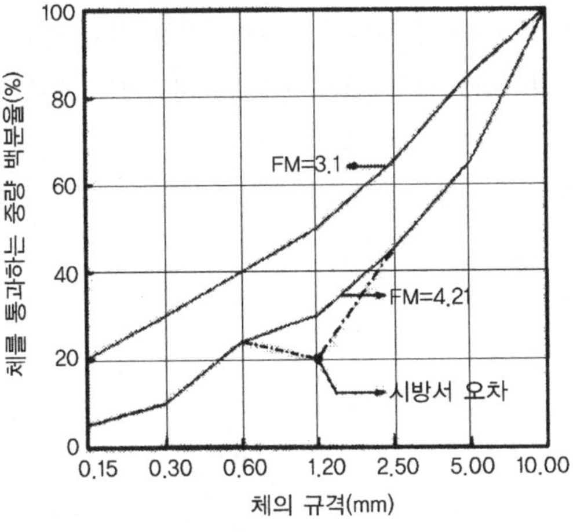

(a) 1966년 제정시 입도규정

입도규정 삭제

(b) 1997~2003년의 입도규정

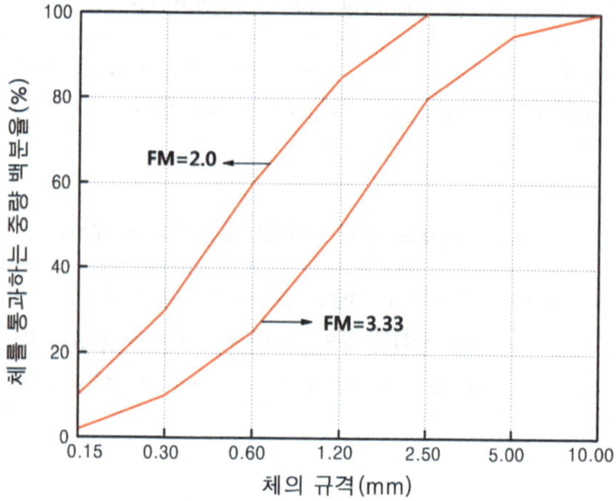

(c) 2003~현재의 입도규정

그림 1 입도규정의 변천 분석

즉 KS F 2526과 2527 등 골재의 종류별 입도표준은 약간씩 다르지만 대표적으로 KS F 2526 골재 입도를 1966년 제정 시와 비교하면 우선 조립률이 전체적으로 작아졌고, 굵은입자가 적고, 미립자도 적은 것으로 변하게 되었다.

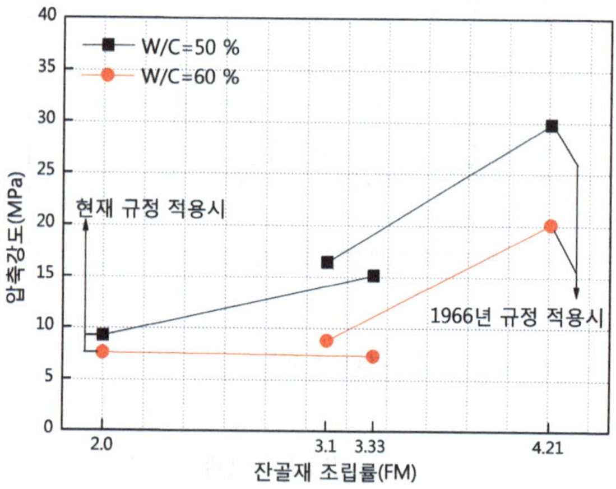

그림 2 규정 변천에 따른 압축강도

따라서 이와 같이 서로 다른 두 입도의 골재로 1 : 5(W/C = 50 %) 및 1 : 7(W/C = 60 %) 배합비로 시멘트 모르타르를 제조하여 압축강도시험을 하면 그림 2와 같이 된다.

결국, 1966년 규정보다 2003년 개정된 현재의 규정을 적용하면 강도가 52~60 %로 약 절반 정도 저하하는 것인데, 이와 같이 저하되는 이유는 결국 블록이나 벽돌을 제작하는 경우 빈배합 저강도 영역의 건식제품이므로 골재의 입도는 굵은입자가 많고 또한 가는입자가 많은 1966년도 규정의 입도분포가 좋은 것인데, 그저 품질을 명확히 규정하고자 한 것 등의 이유에서인지는 잘 모르겠지만 KS F 2526, 2527 등으로 한정하여 2003년도 개정한 것은 결국은 좋지 못한 방향으로의 개정을 범하게 된 것이다.

즉 KS 규격 몇 개를 들어 여기에 따르도록 하는 것과 같은 개정은 간단한 몇 글자 수정이겠지만, 실무에서는 이제까지 지적한 입도분포도 문제뿐만 아니라 이제까지 고려하지 않았던 밀도, 흡수율 등 물리적 성질이며, 점토덩어리, 0.08 mm체 통과량 등 유해물질 함유량 및 기타 많은 요소를 고려해야 하는데 과연 그럴 필요가 있는 것인지? 그렇게 되면 실무에서는 주로 석분(부순 굵은골재를 생산할 때 부산물로 생산되는 비교적 굵은입자와 미립자가 많은 재료)을 활용하는데, 이런 규정에 합당할 수 있겠는지? 따라서 2011년 개정판인 현재 KS F 4002 및 4004는 개정 전인 1997년 판으로 회귀하는 것이 바람직하다. (이렇게 함으로써 KS 표준은 최근의 추세인 시방 규정에서 성능 규정으로 전환하는 의미도 있다.) 또한 건축공사표준시방서의 블록 및 벽돌인 경우는 KS 규격을 기본적으로 규정하고 있기 때문에 문제는 없지만 단, 블록의 경우 골재의 입도규정은 1966년판 이래 지금까지 그대로 존속하고 있는 데(일부 입도규정은 오자 수정도 되지 않고 있음 ; 그림 1의 (a)에 표기) 이 또한 삭제하여 KS 규격으로 일원화할 필요가 있다.

3. 블록 및 벽돌의 품질규정 문제(Ⅱ)

1. 서 언

전 단원에서는 KS F 4002(속빈 콘크리트 블록 : 이하 블록) 및 KS F 4004(콘크리트 벽돌 : 이하 벽돌)의 품질 규정 중 사용재료에 있어 골재 입도문제 및 품질문제를 고찰해 보았다.

이 단원에서는 전 단원에 이어 「제조」에 관한 규정 중 특히 「물시멘트비」(이하 W/C라 함)에 관한 사항에 대하여 고찰해 본다.

2. 제조 규정의 변천

앞 단원에서 언급한 것과 마찬가지로 1966년 제정된 KS F 4002 및 4004는 구할 수 없어 알 수 없지만, 1997년 판 KS F 4002에는 제조방법에 표 1과 같이 시멘트 모르타르 1 m^3 중 시멘트 사용량이 규정되어 있었다. 단, KS F 4004에는 제조방법에 대한 규정은 없었다.

그 이후 2003년 판 및 현재의 KS F 4002는 제조에 표 2와 같이 시멘트 사용량 대신 W/C 30 % 이하, 2003년 판 및 현재의 KS F 4004는 제조에 표 3과 같이 W/C 35 % 이하로 규정되어 있다.

3. 제조규정의 분석 및 발전방향

일반적으로 KS 규정에는 적용범위, 인용규격, 정의, 종류, 품질, 모양 및 치수, 재료, 제조, 시험방법, 검사방법, 제품의 호칭방법, 표시 등이 기술되어 있다. 따라서 이제까지는 어떤 KS 규격이든 제품의 품질을 확보하기 위해서는 재료와 제조를 반드시 명시하는 시방규정(示方規定)이었지만, 최근의 경우는 선진국을 중심으로 내구성 등 성능을 정하고, 성능을 만족시키기 위한 재료 선정이나 제조방법은 자유롭게 하는(특별히 규정하지 않는) 성능규정(性能規定) 형태로 변하고 있는 추세이다.

즉 KS F 4004인 벽돌의 경우로 예를 들면 현행 KS 규격의 품질규정은 표 4와 같다.

표 1 1997년 판 블록의 제조방법 규정

7. 제조방법 7.1 시멘트 사용량 시멘트 사용량은 블록의 압축강도, 내구성, 안정성 등을 고려하여 220 kg/m^3 이상(블록 순 부피)으로 한다.

표 2 2003년 및 2011년 판 블록의 제조규정

8. 제조 8.1 물/시멘트비 콘크리트의 물/시멘트비는 30 % 이하로 한다.

표 3 2003년 및 2011년 판 벽돌의 제조규정

8. 제조 8.1 물/시멘트비 콘크리트의 물/시멘트비는 35 % 이하로 한다.

표 4 벽돌의 품질

구 분		기건밀도(g/cm³)	압축강도(MPa)	흡수율(%)
A종 벽돌		1.7 미만	8 이상	-
B종 벽돌		1.9 미만	12 이상	-
C종 벽돌	1 급	-	16 이상	7 이하
	2 급	-	8 이상	10 이하

이중 A종, B종은 경량골재를 사용하는 경량벽돌이므로 생략하고, C종은 보통골재를 사용하는 일반벽돌로서 이중에 1급은 압축강도 16 MPa 이상, 2급은 8 MPa 이상인데, 국내에서 유통되는 벽돌은 거의 C종 2급이다. 따라서 8 MPa 이상의 압축강도를 발휘하기 위해서(흡수율은 논외로 함) 사용재료는 KS F 2526인 콘크리트용 골재 등 규격에 합격된 것을 사용해야 하고(문제점에 대해서는 앞 단원에서 기술함) 표 3에서 기술한 바와 같은 "물/시멘트비 35 % 이하"로 한 다음 기타 KS규격에서 정한 성형 및 양생방법에 따라 제조하여야만 한다.

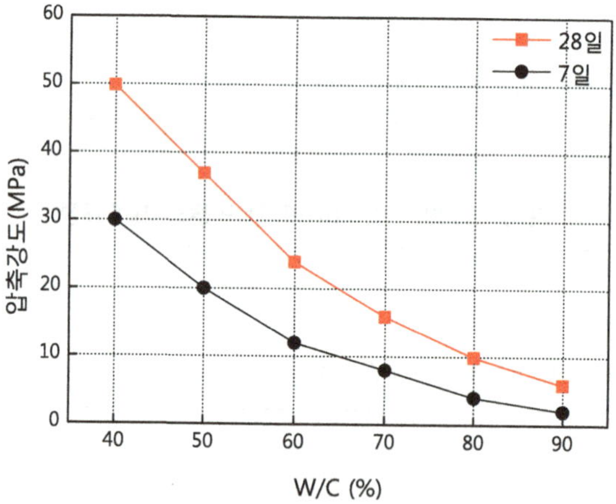

그림 1 W/C와 콘크리트 압축강도와의 관계

그런데 문제는 W/C의 규정에 관한 사항이다. 일반적으로 유동성을 갖는 보통 콘크리트인 경우는 당연히 그림 1과 같이 W/C가 낮아질 때, 즉 동일량의 물이라면 시멘트가 많아질 때 당연히 강도는 크게 된다. 따라서 KS규격상에 W/C 35 % 이하를 규정하게 된 것은 그런 개념에서 정해진 것이 아닌가 생각된다.

그러나 벽돌이나 블록을 제작하는 건식 배합의 경우는 상황이 다르다. 즉 그림 2 및 3과 같이 W/C가 지나치게 낮으면 너무 되어서 벽돌이 성형되기 어려울 뿐만 아니라 강도도 낮아져서 비경제적이 된다. 따라서 벽돌 생산자는 나름대로 최적의 W/C, 즉 본인이 벽돌을 직접 제작하여 실험을 진행한 연구결과에 따르면, 그림 2 및 3과 같이 35 % 전후일 때 제일 큰 압축강도를 발휘하는 것으로 밝혀짐에, 큰 문제가 없을 것처럼 생각되지만, 굳이 W/C까지는 정하지 않아도 될 것으로 생각된다.

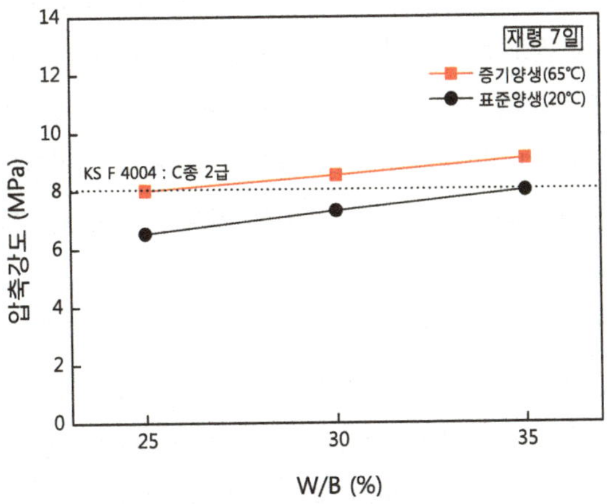

그림 2 W/B 변화에 따른 압축강도

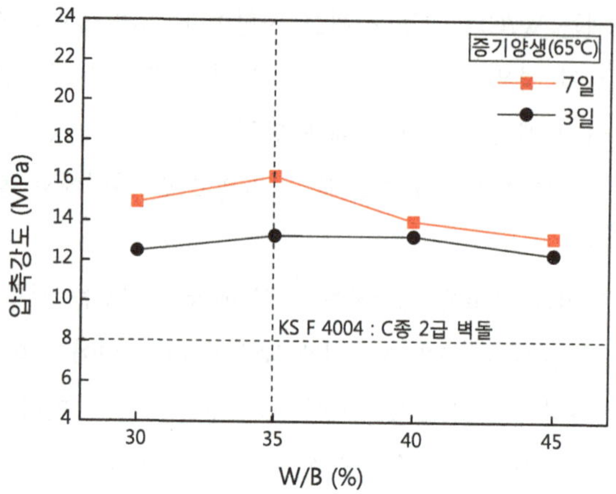

그림 3 W/B 변화에 따른 압축강도

일례로 W/C 35 %가 최적이라면 실무에서 35±5 %와 같이 변동을 고려할 수 있음에 35 %보다 큰 절반의 경우는 규정 위반이 되고, W/C를 안전을 고려하여 30±5 % 정도로 낮춰서 제작하게 된다면 오히려 강도를 낮게 만드는 결과가 되므로 바람직하지 못한 규정이 된다. 특히, 블록의 경우는 벽돌 제작과 동일한 배합비의 모르타르로 형태만 달리하여 제작하는 경우가 많기 때문에 W/C 35 %보다 더 낮은 W/C 30 % 이하로 규정하고 있음에 이는 더 큰 문제점이 아닐 수 없다.

따라서 현행 KS F 4002(속빈 콘크리트 블록) 및 KS F 4004(콘크리트 벽돌)의 8. 제조 중 8.1 물/시멘트비 규정은 성능설계의 추세에 따라 삭제하는 것이 가장 좋고, 만약 존속할 수밖에 없는 상황이라면 5 % 정도를 상향한 40 % 이하로 두 규정 모두를 변경하는 것이 타당할 것으로 사료된다.

4. 이색(異色)골재와 콘크리트의 품질

1. 서 언

최근 콘크리트 산업에서 골재의 수급문제가 점차 곤란해지고 있다는 것은 이미 알려진 사실이다. 이렇다 보니 종전의 회색 계통을 띠는 화강암을 채취·파쇄하여 콘크리트용 골재로 이용하던 것 이외에도 호박돌 쇄석, 발파석, 광산 폐석 등 발생원이 다양하며 색깔 또한 빨강색, 파랑색, 흰색, 검정색 등 여러 경우가 있다.

따라서 이 단원에서는 국내 모 레미콘사에서 현장에 납품된 레미콘 컬러와 관련된 2건의 크레임 발생 사례를 중심으로 이색골재와 콘크리트 품질 간의 상관성에 대하여 기술함으로써 실무에 효율적으로 대처하도록 한다.

2. 적색을 띠는 콘크리트의 경우

1) 배경 및 문제제기

국내 모 레미콘사에서는 전자제품 제조관련 신축공사현장의 공장 주변 바닥에 25-21-120 레미콘 292 m^3를 2차에 걸쳐 타설하였다. 그러나 전면부 1차 타설시는 화강암 골재로 문제시되지 않았으나, 2차 후면부 타설 위치에서는 사진 1과 같은 적색을 띠는 굵은골재를 이용하여 타설함에 따라 사진 2와 같이 콘크리트가 적색을 띠는 부분이 발생되어 클레임이 제기되었다.

최초 적색의 원인규명과 관련하여 레미콘사 영업사원이 줄눈 커팅 과정에서 콘크리트가 열에 타서 적색이라는 도저히 납득이 가지 않는 임기응변식 설명으로 신뢰가 없어져 필자가 현장을 방문하는 계기가 되었다. 건축주는 전자제품을 만드는 공장으로 공장폐수 등 환경문제와 관련하여 관할관청의 감독으로부터 민감하게 조사받게 되는데, 건물 후면이 붉은색을 띠는 것은 폐기물을 무단투기한 것과 같은 오인을 받을 수 있으므로 납득하지 못하는 상황이었음에 다음과 같은 내용으로 소견서를 작성해줌으로써 문제를 해결하였다.

사진 1 레미콘 생산에 이용된 골재

사진 2 적색을 띠는 콘크리트 부분

2) 적색을 나타내게 된 원인

일반적으로 콘크리트는 회색을 나타낸다. 그런데 콘크리트에 색깔을 나타내게 되는 것으로는 광물조성 등에 따른 시멘트의 진하고 흐린 회색의 색깔, 고로슬래그 미분말이나 플라이애시 등에 의해 백색이나 좀 더 검은색으로 나타내는 경우가 있고, 일부 고로슬래그 미분말의 경우는 일시적으로 청색을 나타내는 경우도 있다. 또한 콘크리트용 골재로 화강암의 경우는 회색 외에 현무암, 안산암계는 흑색, 백운석, 순수석회석, 한수석계통은 흰색을 띠고, 기타는 골재의 성분에 따라 청색, 적색 등도 있을 수 있다.

따라서 이 단원의 적색을 띠는 콘크리트는 현장을 관찰하고 골재 납품자 및 레미콘 품질실장과 의견을 종합해 본 결과 적색 골재 사용으로 엷은 적색을 띠는 콘크리트인 것으로 분석된다. 부분적으로 적색을 짙게 띠는 곳은 적색골재의 미립분이 유동성이 클 경우 재료분리되어 표면에 집중된 모르타르에 모여져 특히 짙게 나타난 것으로 분석된다.

3) 적색 부분이 콘크리트 품질에 미치는 영향

일반적으로 골재에 적색을 나타내는 경우는 산화철(Fe_2O_3)이나 산화카드뮴(CdO) 등의 성분이 과량 함유되어 있을 경우인데, 본 경우는 산화철의 과량 함유로 사료된다.

그런데 현행 레미콘(KS F 4009)과 관련하여 콘크리트용 골재(KS F 2526)나 콘크리트용 부순골재(KS F 2527)의 품질규정인 경우는 밀도, 흡수율, 조립률 등 여러 사항이 규정되어 있지만 컬러에 관한 규정이라든가 화학성분으로 산화철 함량에 대해서는 규정하고 있지 않다.

따라서 적색을 띠는 골재가 콘크리트의 품질에 영향을 미치는지에 대하여 심도 있는 실험연구를 진행해 보아야 정확히 규명되겠지만, 이제까지 해당 분야에 다년간 연구해 온 연구자로서의 상식으로는 콘크리트 품질에 거의 영향이 없을 것으로 사료된다.

단, 설계된 콘크리트의 설계기준강도를 참조하고, 외부에 놓인 바닥콘크리트인 점을 고려할 때 콘크리트의 표면이 벗겨지는 스케일링 동해가 예상됨에 이는 적색 콘크리트와는 별개로 별도의 대책수립이 요구된다.

3. 검정색을 띠는 콘크리트의 경우

적색을 띠는 콘크리트와 또 다른 경우로서 이번은 교량의 퍼어 부분에 일부 구간만 검정색 골재 사용에 따른 이색이 문제시 되었다. 즉 교량의 교각이라든지 건축물의 외벽을 노출콘크리트로 할 경우 색상 일체화 문제는 매우 중요하다. 따라서 레미콘사도 하나의 레미콘사로 통일하고 시멘트, 혼화재료, 골재를 한 개의 산지로 동일한 색상이 유지되도록 하며, 배합도 최초의 배합이 계속 유지되도록 하고, 거푸집 박리재도 폐유와 같은 저급품을 쓰지 않도록 하는 등 색상 유지에 세심한 주의를 기울이도록 하는 것이 중요한 사항이다. 그러나 이번 경우는 교각의 하부·상부 공히 동일 재료를 사용하여 동일 색상을 발휘하는 것이 중요하지만 유감스럽게 사진 3과 같이 피어 상부에서 골재의 산지를 바꿈에 따라 짙은 검정계 색이 발휘됨에 미관을 손상시키는 결과이었다. 따라서 이에 대한 해결책으로는 시멘트 풀칠 마감에 의한 보수로 색깔을 통일하게 발현시키는 보수조치가 요구되었다.

사진 3 교량 피어의 이색(異色)

4. 결언

종합적으로, 최근의 경우 골재의 수급문제가 매우 어려운 상황에 놓여 있다 보니 색이 다른 골재산지를 너무 자주 바꾸는 상황도 발생하고 있다. 그러나 노출콘크리트로서 콘크리트 표면 미관이 중요한 경우는 매우 중요한 결함이 될 수 있으므로 골재산지 변경에 따른 이색골재를 충지어 활용하는 경우는 중요한 하자요인이 되므로 골재산지 변경은 신중을 기할 필요가 있다.

5. 호칭강도 규격보다 현저히 큰 압축강도

1. 서 언

얼마 전 모 건설사 감리자로부터 표 1과 같은 전자우편을 받음에 따라 전화로 회신한 바 있다. 따라서 이 단원에서는 이와 관련하여 호칭강도 규격보다 현저히 큰 압축강도에 대하여 정상적인 강도와의 비교, 현저히 큰 압축강도의 원인과 대책에 대하여 기술해 본다.

표 1 전자문서의 내용

교수님 안녕하세요?

바쁘시겠지만 질문 하나 하겠습니다.
레미콘 공시체를 만들어 양생 후 28일 강도시험을 했는데 3회 시험한 평균강도값이 34 MPa 정도 나왔습니다.
규격은 25-24-150입니다.
배합설계 시 여러 가지 경우를 고려하여 약간 상향으로 배합설계를 하는 것으로 알고 있기는 하지만 너무 높은 것 같습니다.
레미콘회사 품질실장에게 왜 이렇게 높으냐고 물으니 시공사에서 품질이 좋은 혼화재를 사용하라고 일괄 지시가 있어 좋은 혼화재를 사용하여 그렇다고 대답했습니다.

콘크리트강도가 규격보다 현저히 커도 되는지요?
아니면 안 좋은 어떤 영향이 있는지요?
전에는 강도를 높이려고 시멘트를 많이 사용하다 보면 콘크리트에 잔크랙 등 악영향이 있다고 들은 것 같습니다.

감리자로서 어떤 정도의 품질관리가 적정한지 궁금합니다.
답변주시면 고맙겠습니다.

2. 정상적인 강도와 비교

표 1의 전자문서에 의하면 호칭강도 24 MPa인 공시체 3회를 시험한 평균값이 34 MPa로서 10 MPa 정도 크게 나타나 배합강도가 호칭강도보다 1.42배 큼으로써 현저히 큰 압축강도의 문제점 여부를 문의한 것이다.

그렇다면 호칭강도 24 MPa의 경우 3회 시험한 배합강도값은 얼마 전후로 나타나야 정상적일까? 이 문제에 대한 해답은 제 I 권 II-3(설계기준강도·호칭강도·배합강도)를 참고하면 가능할 수 있다. 즉 KS F 4009 규정으로 하여 호칭강도(F_o)의 10 %, 즉 2.4 MPa를 표준편차(σ)로 가정하면,

$$F \geqq 0.85F_o + 3\sigma \quad \cdots\cdots (1)$$

$$F \geqq F_o + 1.73\sigma \quad \cdots\cdots (2)$$

중 큰 값으로 결정하는데,

$$F \geqq 0.85 \times 24 + 3 \times 2.4 = 27.6 \text{ MPa}$$

$$F \geqq 24 + 1.73 \times 2.4 = 28.2 \text{ MPa}$$

그러므로 배합강도는 27.6과 28.2 중 큰 값으로 하여 28.2 MPa가 배합강도로 된다. 또한 레미콘사의 안전을 고려하여 마지노 강도 2σ를 고려한다고 해도 28.8 MPa로서 역시 34 MPa는 정상적인 것 27~29 MPa 보다는 현저히 크다.

3. 현저히 큰 압축강도의 원인

그러면 27~29 MPa가 발휘되면 적절할 것으로 판단되는데, 34 MPa가 발휘되게 된 이유는 무엇일까? 공시체를 제작한 레미콘사의 사용재료 특성이며 배합자료가 전혀 없는 상황에서 원인 규명은 불가능하지만, 소설책을 쓰는 기분으로 원인을 유추해본다.

즉 일반적으로 콘크리트의 압축강도는 물시멘트비(W/C)에 반비례하여 증진되는데, 34 MPa 정도가 발휘되기 위한 W/C는 얼마일까? 기존 필자의 실험연구에 따르면 대략 50 % 전후로 기억된다. 그런데 우리나라 대부분의 레미콘사의 호칭강도 24 MPa의 배합자료에서 W/C는 얼마일까? 이 또한 통계자료에 따르면 W/C는 50 % 전후가 된다. 그렇다면 레미콘 배합자료에 따른 올바른 강도가 발휘된 결과로서 이상한 문제도 아니고 잘못된 것도 아닌게 되고 만다. 그렇다면 왜 그렇게 현저히 큰 강도의 배합자료를 만들지 않으면 안 되었을까?

이 또한 정확히는 알 수 없는 일이지만, 역시 소설책을 쓰는 기분으로 유추해보면 실무건설현장에 배합자료 제출시의 레미콘사 간의 경쟁에서 발생된 결과라고 추측해본다. 즉 하나의 공구, 하나의 현장에는 한 개의 레미콘 공장에서 콘크리트를 납품해야 하지만 현실은 3개 이상 주변 레미콘 공장에서 공장 방문조사 및 제출된 배합자료를 참조하여 납품할 레미콘 공장을 선정하게 된다. 물론 유능한 주문자라면 효율적으로 납품레미콘 공장을 결정할테지만, 변별력이 없는 공장이라든가 혹은 품질 차이를 구별하지 못하는 주문자는 단순히 시멘트가 많이 들어가게 배합설계된 것이 좋은 것으로 착각하고 그와 같은 레미콘사를 선정한 다음, 여기서 그치지 않고 기타 납품하는 여타의 레미콘사에도 그와 같은 단위시멘트량에 맞춰 오라는 주문을 하다 보니 우리나라 모든 레미콘사의 단위시멘트량이 많아지는 결과가 되었다. 또한 실무의 경우 단위수량은 잔골재의 표면 수량 조정으로 마음대로 조정하는 현실이다 보니 실제보다 적은 단위수량(시방서에서는 185 kg/m^3 이하로 가능한 작게 되어 있음)이 배합자료에 표기하게 되어 결국 레미콘사의 배합자료대로 콘크리트를 실험실에서 비벼서 강도를 시험하게 되면 호칭강도 24 MPa가 배합강도 34 MPa가 되는 현저히 큰 압축강도가 발휘되어 어처구니 없는 배합설계가 된 것이 아닌가 싶다.

4. 현저히 큰 압축강도의 대책

그렇다면 실제 출하되는 레미콘도 호칭강도 24 MPa가 34 MPa를 발휘하고 있는 것일까? 그러나 유감스럽게 실제 구조체에 타설된 콘크리트는 그만큼 강도가 발휘되지 않는 경우도 많다. 경우에 따라서는 호칭강도에 미달된 사례까지도 발생하는 예가 있는데, 이는 그림 1의 사례에서 보는 바와 같이 많은 양의 단위수량, 저품질 혼화재 사용 혹은 혼화재 다량치환 등에 의하여 품질이 저하되기 때문이다. 따라서 이에 대한 대책으로는 레미콘 배합설계가 기본원칙에 따라 정상적으로 이루어져야 해결될 수 있을 것이다.

단, 전자문서에서 34 MPa 정도로 강도를 높이려고 시멘트를 많이 사용하면 콘크리트의 잔크랙 등 악영향을 우려하고 있는 부분에 대해서는 초고강도 콘크리트에서 자기수축 관련이 아니라면 거의 문제시되지 않으므로 염려할 필요는 없다.

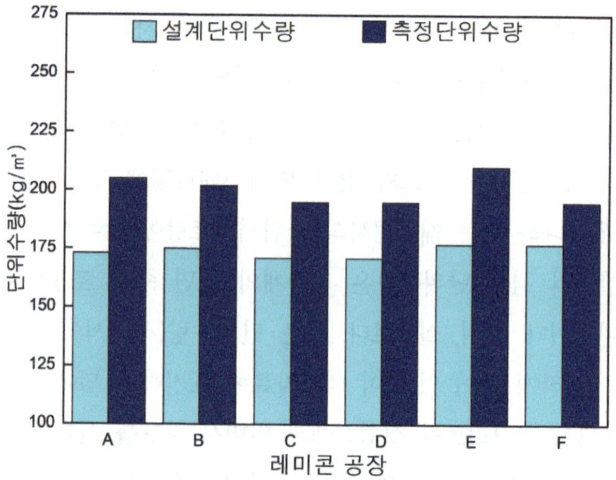

그림 1 설계단위수량과 측정단위수량 비교

6. 콘크리트 코어 압축강도의 유권해석

1. 서 언

얼마 전 콘크리트 코어 압축강도 관련 국민신문고의 민원내용이 정부의 모 기관을 통해 국내의 모 학회로 이첩되어 본인이 답변을 작성한 바 있다.

이 단원에서는 국민신문고의 민원내용과 그 답변을 기술하는 것으로서 레미콘 품질관리의 기본을 분명히 하고자 한다.

2. 질의내용

현황설명

- 당사는 한국산업표준(KS)을 인증받은 공장으로서 고객의 주문대로 제품을 생산하여 현장 배출 지점에서 공시체를 제작하여 재령 28일 압축강도를 측정한 결과 호칭강도 이상으로 측정되었습니다.
- 일정한 시일 경과 후 소비자가 표준공시체의 합격 결과와 관계없이 코어 압축강도를 측정하기를 요구하여 전면에 걸쳐 약 22개의 코어를 채취하여 제조사 및 공인시험기관에서 압축강도시험을 하였습니다.
- 현장의 조건은 물류를 저장하는 창고로서 넓은 면적에 기초바닥 타설 후 상부에 누름 콘크리트를 타설한 부위에 대하여 소비자측에서 별도의 코어 압축강도를 요구한 경우입니다.

질의내용

질의 1) 콘크리트표준시방서에서는 구조물 중의 품질검사에 대하여 비파괴 시험 및 코어 채취를 하여 판단하게 되는데, 누름 콘크리트[설계두께 150 mm]에 대하여도 소비자 요구대로 현장에서 채취한 공시체의 압축강도가 합격품인데도 코어 채취에 의한 압축강도를 해야 되는가 여부?

질의 2) 현재 콘크리트표준시방서에는 「콘크리트 압축강도시험 결과 규정을 만족하지 못할 경우」 비파괴시험을 실시하고 불합격인 경우 코어 채취를 하여 KS F 2422에 따라 코어의 압축강도를 실시할 것을 주문하는데, 현장에서의 시료 채취에 따른 표준공시체 시험 결과가 설계기준강도를 만족하는데도 코어 채취에 의한 시험을 해야 되는가 여부?

질의 3) 위 항의 코어공시체 판정기준은 평균값이 설계기준강도의 85 %를 초과하고 각각의 값이 75 %를 초과하면 적합한 판정으로 되어 있는데, 각각의 값은 75 %를 상회하고 전체 평균값이 백분율로 소수점 이하 첫째자리에서 부족한 결과가 산출된 경우 합격 판정의 기준에 대한 유권 해석은?

[예시 : 평균값이 84.6 %]

질의 4) 전체 타설면에서 일부분의 제품 규격을 설계기준강도를 변경하여 타설한 경우 기준강도값 적용시 설계시의 기준강도값으로 적용할 수 있는가 여부?

[예시 : 설계기준강도 25-18-120이며 일부를 25-21-120으로 타설]

회신사항

〈질의 1~3에 대한 회신〉

기본적으로 레미콘은 KS F 4009에 품질이 규정되어 있는 공산품으로, 양복에 비유하면 기성복과 같은 것입니다. 즉 압축강도의 규정도 설계기준강도와 달리 레미콘의 경우는 호칭강도로 규정되어 있는데, 호칭강도의 개념은 기온 등 환경요인이 고려되지 않은 표준양생(20±2℃ 수중에서 28일 양생) 상태에서의 압축강도를 말하는 것입니다. 따라서 제조된 레미콘을 수입검사받을 때에는 레미콘트럭이 현장에 도착하여 짐부리기(레미콘 트럭에서 배출)할 때 굳지않은 콘크리트의 품질 특성과 함께 압축강도도 검사받게 됩니다. 그러나 납품시 압축강도는 아직 굳지않은 상태이므로 즉시 검사할 수 없음에 따라 공시체를 제작, 표준양생한 후 압축강도 시험을 실시하여 1회(3개 공시체 평균) 시험값이 호칭강도의 85 % 이상, 3회 시험 평균값이 호칭강도 이상이면 그 로트(Lot)를 합격으로 판정하고, 두 조건 중 하나라도 만족하지 않으면 그 로트를 불합격으로 처리합니다.

그런데 질의하신 현장에서 채취한 레미콘의 압축강도 시험용 공시체가 상기의 검사방법에 의거하여 압축강도를 시험한 결과 합격되었다면, 납품된 레미콘은 문제가 없는 것으로 평가됩니다. 다만, 콘크리트 구조체는 기온변화조건, 시공조건 등도 포함되어 설계기준강도를 발휘하여야 하는데, 이를 확인하기 위하여 제품검사 차원에서는 구조체관리용 공시체(현장양생 공시체)를 이용하지만, 그렇지 않을 경우는 코어채취로도 확인할 수 있는 데, 이 경우는 표준품으로 납품된 레미콘품질 이외에도 타설시 가수 등 시공자의 시공품질 · 결함문제, 저온의 기온 등 환경조건 고려, 구조체의 양생품질관리 적정성 등이 포함되어 있기 때문에 구조체의 코어채취 압축강도시험이 불합격되었다고 공산품인 레미콘을 불합격처리할 수는 없는 일입니다.

단, 질의 3의 경우는 구조체 평가에 관한 문제로서 레미콘 수입검사와는 관계가 없는 사항입니다만, 유효숫자 3자리에서 마감하여 규정치를 초과하지 못하였다면 불합격으로 판정합니다.

〈질의 4에 대한 회신〉

질의하신 내용이 설계기준강도를 언급하고 있지만, 레미콘사면, 호칭강도일 것 같은데 앞서 언급한바와 같이 설계기준강도와 호칭강도가 다르므로 질의하신 의도를 잘 알기 곤란합니다.

여하튼, 건축공사표준시방서 제5장 철근콘크리리트공사 중 3.2.3(레디믹스트 콘크리트의 발주)에 따르면 다음 표 1과 같습니다.

표 1 건축공사표준시방서 규정

3.2.3 레디믹스트 콘크리트의 발주 가. 한국산업규격품의 레디믹스트 콘크리트의 발주는 아래의 1)~3)에 따른다. 1) 시공자는 레디믹스트 콘크리트가 이 시방서 05010.1.3에 나타낸 소정의 콘크리트 품질을 만족하도록 KS F 4009의 3(종류)에 따라 필요 사항을 지정하여 발주한다. 2) 발주하는 콘크리트의 호칭강도는 아래 나항에서 정하는 호칭강도의 강도값 이상으로 하고, 이 시방서 05010.3.1에서 정한 물시멘트비의 최대값, 단위수량의 최대값 및 단위시멘트량의 최소값을 만족하는 값 이상으로 한다.

3) 호칭강도를 보증하는 재령은 28일로 한다.

나. 호칭강도의 강도값은 강도관리를 기준으로 하는 재령에 따라 다음의 1) 또는 2)에 의해 산정한다.

1) 구조체 콘크리트의 강도관리 재령이 28일인 경우 호칭강도의 강도값은 다음 식에 의해 산정한다.

$$F_N = f_{ck} + T \quad \cdots\cdots (1)$$

2) 구조체 콘크리트의 강도관리 재령이 28일을 넘고 91일 이내인 경우 호칭강도의 강도값은 다음 식에 의해 산정한다.

$$F_N = f_{ck} + T_N \quad \cdots\cdots (2)$$

여기서, F_N : 호칭강도값(N/mm²)

f_{ck} : 콘크리트의 설계기준강도(N/mm²)

T : 구조체 콘크리트의 강도관리 재령을 28일로 한 경우, 콘크리트 타설일로부터 28일 간의 예상평균기온에 의한 콘크리트강도의 보정값(N/mm²)

T_N : 구조체 콘크리트의 강도관리 재령이 28일을 넘고 91일 이내의 n일로 한 경우, 콘크리트 타설일로부터 n일 간의 예상평균기온에 의한 콘크리트강도의 보정값(N/mm²)

따라서 설계기준강도 18 MPa를 발휘하기 위한 경우 콘크리트 타설 후 28일 예상평균기온이 8℃ 이상 16℃ 미만이라면(OPC인 경우) T는 3 MPa를 보정함에 호칭강도는 21 MPa를 주문해야 합니다. 따라서 구조체의 설계기준강도 18 MPa를 발휘하기 위해서는 설계기준강도와 다른 21 MPa의 호칭강도를 적용하여 레미콘을 구입하게 되는 것이 표준입니다. 이렇게 되면 표준양생한 공시체는 21 MPa에 합격하는지 여부를 평가하고, 구조체는 구조체관리용 공시체(혹은 코어공시체)로 설계기준강도인 18 MPa에 합격하는지를 평가하는 품질관리가 올바른 평가 방법입니다.

7. 120년 경과된 콘크리트와의 만남

1. 서 언

2013년 일본건축학회 학술발표대회가 8월 30일~9월 1일까지 삿포로(札幌)시에 있는 북해도대학에서 있었다. 21년 전 북해도대학에서 Post-Doc.(박사후 연수)으로 1년간 연수한 경험이 있어 감회가 새롭기도 하였는데, 마침 3일간 중 둘째 날은 본인과 연관된 발표도 없고 하여 오따루(小樽)로 120년된 항만의 방파제 콘크리트(21년 전 북해해도대 연수시 100년된 콘크리트)가 어떠한 상황일까 궁금하여 방문한 바 있다.

옛날 기억을 더듬어 간신히 찾아가게 되었는 데(사진 1, 2 참조), 이 단원에서는 그 내용을 기술해 보도록 한다.

사진 1 오따루항 전경

사진 2 오따루항 방파제에서 필자

2. 오따루항의 건설배경

일본 북해도의 중심도시인 삿포로는 본래 아이누민족(골격이 크고, 털이 많이 난 북방 몽골리안)이 살고 있었던 곳인데, 지금부터 120년 그 이전부터 본주(本州)에서 대대적으로 노무자와 물자를 투입하여 아이누민족을 몰아내고 인위적으로 도시를 건설한 다음 본주 사람들을 이주하여 살도록 하였는데, 노무자와 물자가 주로 반입된 항구가 오따루항이다.

따라서 오따루항은 오래 전부터 시내에 운하가 만들어져 있고, 은행이며 창고업 등이 발달하게 되었는데, 무엇보다 중요한 것은 안전한 항구를 만들기 위한 방파제의 건설이었다.

3. 방파제용 콘크리트의 연구

당시 일본의 건설기술자들은 오따루항에 방파제를 건설하기 전에 실험을 진행하였다. 즉 그림 1과 같이 화산재를 사용한 것과 사용하지 않은 것에 대하여 해수와 담수에 담가 오랜 기간 강도를 내어(20년 전에 100년까지의 강도) 시공에 활용하였고, 현재에도 공시체를 보관하고 있다.

그러나 유감스럽게 금번 방문에서는 토요일이었으므로 오따루항만 사무소의 오따루 미나도 자료관(사진 3)이 휴관이라 볼 수 없어 매우 아쉬웠다.

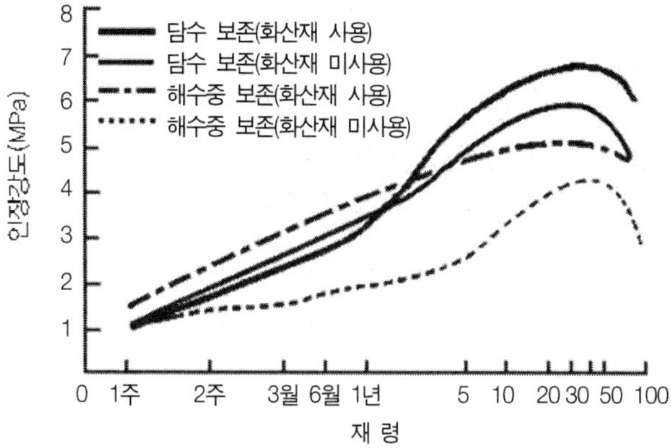

그림 1 오따루항만용 콘크리트의 장기강도 실험 결과

사진 3 오따루항 자료관

4. 방파제 건설 및 현재상황

오따루는 1865년 일본 막부에서 '오따루 나이'로 하여 마을 수준으로 출발하여 1869년 오따루 나이를 오따루로 고치고, 1880년 오따루와 삿포로 간 철도를 개통하였으며, 1889 오따루를 일본의 특별 수출항으로 지정받았다.

오따루항의 방파제 건설은 1897년 제1기 수축공사(修築工事)가 착공되어 1908년 북방파제가 완성되었고, 1908년 오따루항 제2기 수축공사가 착공되어 1921년 남 및 섬 방파제가 완성되었다.

건설 이후에도 방파제 콘크리트란 가장 열악한 환경에 놓이는 것이라 몇 번의 보수보강공사가 이루어져 현재에 이르고 있으나 부분적으로는 엄청난 동결융해작용으로 큰 침식현상을 나타내고 있었다.

5. 소감

인간도 100세가 넘으면 얼굴에 많은 주름이 가고, 눈도 안 보이고, 귀도 안 들리는 듯 노화가 심각해진다. 그런데 콘크리트인들 100년이 지나면 왜 노화되지 않고 피해가 없으랴.

우리나라에도 물론 100년이 된 터널(우리나라 최초 터널인 아현 · 의영터널), 교량{전남 나주 영강의 안영교), 건물(조선총독부(2000년 철거), 서울역, 서울시청} 등도 있어 일부는 안전진단 자문 등 직접 검토해 본 적도 있지만, 역시 열악한 바다에서 염화물이 섞인 파도에 겨울철 동결융해에 따른 동해 피해로 사진 4와 같이 20 cm 이상 깎인 모습은 특히, 시골에서 어렵게 일생을 산 노인이 도시에서 산 노인보다 특히 더 애처로운 모습인 것처럼, 참으로 콘크리트가 대견스럽기도 하고 한편으로는 애처로운 마음도 금할 길 없었다.

사진 4 방파제의 피해 모습

8. 에지테이터 트럭 드럼의 커버문제

1. 서 언

역사적으로 보면 인간의 기술 활동은 기존의 기술이나 상태를 더욱 발전시키고자 부단히 노력하고 있다. 어떻게 보면 당연하고, 그럴 수밖에 없는 일일테지만, 바뀔 때가 되었는데도 아직까지 잘못된 선입관으로 개선되지 않고 있는 것이 우리나라에 존재하는데, 그것이 바로 에지테이터 트럭 드럼의 커버문제이다.

따라서 이 단원에서는 이와 같은 드럼의 커버문제에 대하여 도입배경, 변경의 필요성, 변경방향 등에 대하여 기술하여 본다.

2. 도입배경

우리나라에 레미콘이 처음 도입된 것은 1965년 7월로서 약 50년의 역사를 갖는다. 물론 50년 전 최초 일본에서 도입된 15대의 트럭믹서의 드럼에는 현재와 같은 부직포가 씌어져 있지는 않았었다.

그런데 지금으로부터 십 수년 전 어느 해, 모 레미콘사의 아이디어로 에지테이터 트럭의 드럼에 레미콘의 품질 향상, 즉 겨울철은 보온, 여름철은 보냉을 목적으로 현재와 같은 부직포를 감싸준 것이 출현하게 되었다. 그러나 보온·보냉효과는 과학적으로 입증되지 않았고 단순히 시각적인 효과 및 감정적인 판단이었을테지만 부직포를 두르지 않으면 품질관리에 무관심한 것처럼 느껴지게 되었다. 따라서 어느 순간인가 이와 같은 현상이 전국으로 번져 우리나라의 모든 레미콘은 세계적으로도 유래 없이 볼품없고 역효과적인 부직포를 모든 레미콘 트럭이 뒤집어쓰는 결과가 발생하고 말았다.

3. 변경의 필요성

에지테이터 트럭 드럼에 부직포를 감싸주는 것은 물론 겨울철 보온적인 측면에서야 종이 한 장을 발라주더라도 보온효과가 나타나는 것처럼 어느 정도 효과는 나타나겠지만 여름철은 어떠할까?

여름철에는 에지테이터 트럭 드럼에서 햇볕을 반사시켜 고온상승을 막아주어야 하는 것이 기본일텐데, 이번에는 검정색에 가까운 컬러에 솜이불을 덮어주는 것처럼 되어 보냉은 커녕 고온을 만들어 레미콘 품질을 오히려 나쁘게 만드는 결과를 초래하고 있다.

일례로 그림 1은 국내 모 레미콘에서 여름철 한국 건자재 시험연구원에 의뢰하여 부직포 표면과 내부 및 단열페인트 표면 및 내부의 온도를 기록한 것으로서 부직포 표면이 다른 어떤 경우보다 매우 높은 온도분포를 나타내는 것을 알 수 있다.

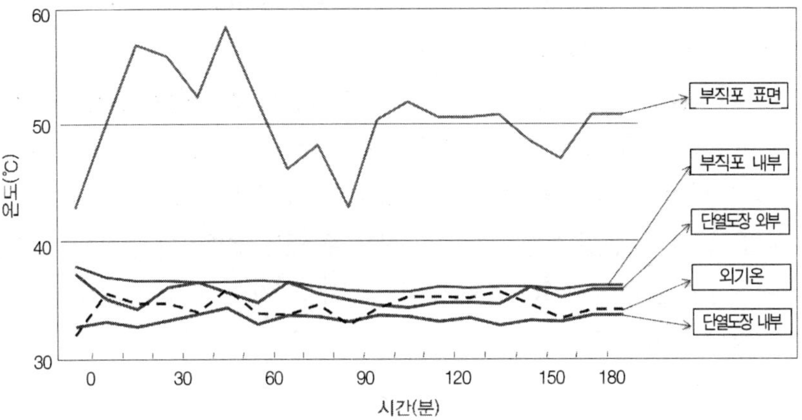

그림 1 시간경과에 따른 온도이력

또한 부직포는 우리나라의 경우 경제수준이 낮고, 건설수준이 낙후되었을 때에는 그런대로 이해될 수 있겠지만 현재는 어떠한가? 아마도 도시에서 달리는 자동차 중에서 가장 지저분하게 보이는 차량을 꼽으라면 레미콘 운반트럭, 쓰레기 운반트럭이 아닐까 싶다. 그런데 요즈음은 쓰레기 운반트럭도 비록 쓰레기를 운반할지라도 녹색으로 깨끗하게 도색하고 지구환경 보존을 표방하는 것을 보면 아마도 레미콘 운반트럭이 으뜸으로 지저분한 차량일 것으로 추측된다.

특히 부직포로 둘러싼 드럼은 세차를 하더라도 깨끗한 효과를 나타내지 못하며, 또한 철제 드럼을 감싸며 습기를 공급하게 되는 조건이 되다보니 철제 드럼의 부식은 물론 부직포 역시 부식이 발생하여 더욱 볼품없게 됨으로써 1년에 한 번 정도는 바꾸어 주어야만 하는데, 한 번 교환에 7~10 만원씩 하는 가격문제도 레미콘사의 경영상 만만치 않은 일이 되고 있다.

4. 변경방향

결국 보온면에는 약간의 효과가 있을지언정, 보냉에는 역효과를 내고, 드럼동체부식, 미관손상, 경제적으로도 낭비인 에지테이터 트럭 드럼의 부직포 커버 문제를 언제까지 끌고 갈 것인가?

현대의 기술은 부직포 문제를 뛰어넘기에 충분히 발전되어 있다. 즉 백색 계통의 밝은색으로 도색하여 여름철 햇볕을 반사시킴으로써 드럼이 더워지는 것을 막고, 또한 이와 같은 페인트의 기본소재가 단열소재로 이루어져 겨울철 보온과 여름철 보냉을 동시에 이룰 수 있는 효과적인 방법이 사진 2 (사진 1은 기존 에지테이터 트럭 드럼의 일례)와 같이 존재한다. 물론 이와 같은 방법 외에도 효과적인 대안은 얼마든지 있다.

사진 1 기존 에지테이터 트럭 드럼

사진 2 에지테이터 트럭 드럼 단열 도색된 일례

따라서 하루속히 부직포 드럼커버가 품질향상에 기여할 것이라는 잘못된 선입관에서 벗어나 선진국을 능가하는 새로운 기술에 아름다운 디자인을 갖는 향상된 에지테이터 트럭 드럼 마감기술로 올바르게 정착되기를 진심으로 희원해 본다.

(본 원고의 사진자료 등 일부 내용은 아주산업기술연구소 윤기원 소장에게서 지원받은 것임에 위 기관에 감사한다.)

9. 건설공사의 낙찰제와 품질문제

1. 서 언

일반적으로 건설공사에 있어 품질과 가격 간에는 밀접한 관계를 가지고 있다. 즉 그림 1의 (a)과 같이 종전에는 '싼게 비지떡이다.'라는 말과 같이 가격이 저렴하면 품질이 나쁘고, 가격이 비싸면 품질이 좋다는 개념이었다. 그러나 현대에는 그림 1의 (b)와 같이 어느 정도 적절한 가격일 때 품질이 최고가 되는 것이지 그 이상의 가격이 되어도 품질은 향상되지 않고 저하된다는 개념이다.

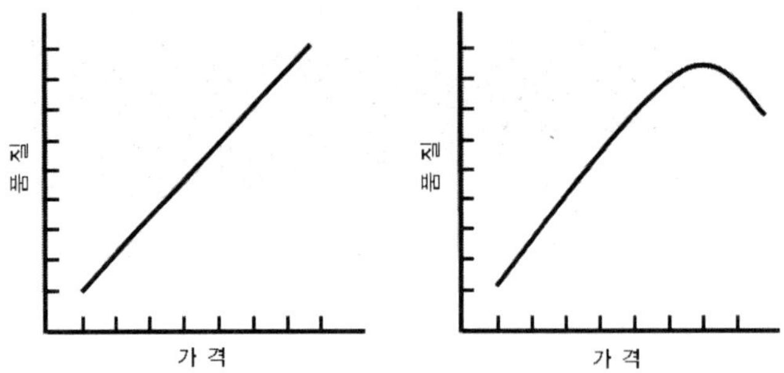

(a) 종전의 개념 (b) 현대의 개념

그림 1 가격과 품질 간의 관계

따라서 발주자와 시공자 간의 사고(思考)는 표 1과 같은데, 즉 발주자의 경우는 품질만 강조하다 보면 ①영역에서 ②쪽으로 근접을 시도하게 되고, 시공자의 경우는 가격만 강조하다 보면 ①영역에서 ③쪽으로 근접을 시도하게 되는데, 이렇게 되면 이상적인 ①영역에서 ②③의 합력인 경우로서 최악의 ④영역으로 전락하게 될 수도 있다.

따라서 이 단원에서는 이러한 문제와 관련하여 건축시공학회지 권두언 및 한국건설신문의 논단에 투고되었던「최저가 낙찰제와 건설공사의 품질문제」에 대하여 본인이 투고한 내용을 전제하여 소개해보고자 한다.

표 1 발주자와 시공자 간의 사고(思考)

구분		가격(시공자)	
		비싸고(이익)	싸고(적자)
품질 (발주처)	좋고 (양호)	① 가장 이상적인 영역 · 품질도 좋고 · 건설사도 돈벌고	② 안 좋은 영역 · 품질은 좋지만 · 건설사는 적자
	나쁘고 (부실공사)	③ 안 좋은 영역 · 품질은 나쁘지만 · 건설사는 돈벌음	④ 최악의 영역 · 품질도 나쁘고 · 건설사도 적자

[최저가 낙찰제와 건설공사의 품질문제]

도급공사로 이루어지는 건설공사에 있어서 낙찰자 결정방법은 매우 예민하고 중요한 사안이다. 따라서 정부에서는 국가를 당사자로 하는 계약에 관한 법률 및 시행규칙 등에 그 내용을 정하고 있는 데 시대의 흐름에 따라 문제점을 보완해가면서 다양하게 발전해 왔다.

즉 건설공사계약제도인 경우 적정공사금액보다 많은 공사금액으로 계약이 이루어지게 되면 발주처는 손해를 보는 반면 시공자는 폭리를 취하게 되어 불합리하고, 반대로 적정공사금액보다 적은 공사금액에 계약이 이루어지게 되면 발주처는 이익을 보게 되지만, 시공자는 부실공사 혹은 업체의 존폐에까지 위협을 받게 된다. 따라서 견적단계에서 정확한 공사금액이 산출된 다음 일정한 기업이윤이 확보된 상태로 도급계약이 이루어진다면 이상적인 계약이라고 할 수 있다.

그러나 우리나라의 현실은 어떠한가? 발주물량은 적은 반면 건설업체가 난립되어, 즉 공급은 적고 수요가 많은 상태이다. 이런 경우 효율적인 도급공사계약 형태로는 최저낙찰제를 택하게 되는데, 당연히 가장 낮은 가격에도 공사가 가능한 유능한 업체에게 공사 시행권을 주게 되므로 이상적인 형태인 것으로 생각할 수 있다.

그렇지만, 만들어진 물건을 보고, 품질을 시험해 본 다음, 잘못된 결정에는 구매자가 책임을 지는 소비재 형태의 구매계약에는 그럴 수도 있다고도 생각된다. 그런데 건축물을 도급계약하는 경우는 어떠한가? 설계도면으로 그려져 있는 상태이므로 그런대로 상상은 할 수 있지만 원칙을 잘 준수하기보다는 변칙에 능한 국민성을 갖는 상황에서는 품질이 보장될 수 있는지 알 수 없고, 또한 원도급업자가 직접공사를 관리한다고는 하지만 전문건설업체인 하도급업체가 시공하도록 하는 시스템이며, 공사를 수행하는 건설업체가 해당 건물에 거주하는 경우도 일부 있지만 대부분은 일반국민이 수십 · 수백 년 사용하는 형태가 된다. 따라서 최저낙찰제로 이루어진 도급공사는 당연히 도급금액에 맞추어 공사를 하다보면 부실공사를 유발할 가능성이 높아 결국 LCC차원에서 보면 국가적으로 손해를 보고 마는 결과이다. 따라서 도급계약제도는 최초에는 최저가낙찰제로 출발하여 시행되어왔지만 그후에는 제한적 평균가 낙찰제(부찰제), 저가심의에 의한 최저가 낙찰제, 제한적 최저가 낙찰체, 적격심사 낙찰제, 최근에는 최고가치 낙찰제에 이르기까지 변천하며 발전하여 왔다.

그런데 어느 제도를 시행해도 장단점은 있기 마련이다. 즉 최저가 낙찰제의 부실공사 방지문제를 해결하기 위하여 국가에서는 제한적 평균가 낙찰제, 저가심의에 의한 최저가 낙찰제, 제한적 최저가 낙찰제 등이 출현되었는데, 건설업체의 능력보다는 운찰로 변함에 따라 낙찰 확률을 높이기 위한 건설사 난립이 초래되었다. 이를 또한 방지하기 위한 대책으로 최근에는 적격심사 낙찰제로 능력을 중시하는 제도와 가격요소 외에 성능, 기능, 기술요소 및 LCC 등을 종합적으로 판단하여 낙찰자를 선정하는 최고가치 낙찰제도로까지 바뀌는 등 변화에 변화를 거듭하고 있다.

그런데 최근의 언론보도에 따르면 대규모 건설공사에서 300억 이상에 시행하던 최저가 낙찰제를 100억 이상 건설공사로 확대시행을 입법예고함에 따라 일부단체에서는 반대의 목소리를 높이고 있다.

물론 필자는 계약관련 업무의 전문가가 아니므로 어느 제도가 좋고 어떻게 해야 한다든지 하는 대안은 없다. 그렇지만 건설물의 중요구조체인 콘크리트의 품질관리를 전문으로 연구하는 입장에서는 현재에도 실제 구조체에서 강도부족 하자가 가끔 발생하고 있고, 또한, 3년 정도 지난 건축물이 20년 이상 지난 것처럼 내구성이 저하되어 있는 품질결함도 발견되는 등 최근의 현실에서, 이보다 더 나빠질 품질문제를 생각하게 되면 우려되는 바가 매우 크다. 따라서 이와 같은 최저낙찰제 확대 시행시 문제점의 대안으로는 다음과 같은 몇 가지 제도적 보완책이 품질관리측면에서 요구된다.

첫째로 철저한 기획 및 설계의 실현이다. 품질 문제는 시공단계에서보다 기획 및 설계과정에서 더욱 중요하고, 미치는 파급효과 또한 매우 크다. 완벽한 설계도면의 작도는 물론이고, 국가의 표준시방서를 근간으로 작성하는 특기시방서의 경우는 형식적으로 마지막 설계단계에서 복사하여 붙여주는 식의 거의 볼 필요 없는 오탈자 투성이의 첨부물이 아니라, 그 단가가 아니면 안 되는 완벽한 품질을 규정하고 시공요령이 철저히 기재되어 있어 늘 보지 않으면 안 되는 기준서가 되도록 작성되어야 할 것이다.

둘째로는 설계에 따른 철저한 품질검사이다. 시공단계에서 당연히 시험검사가 이루어지는 것은 기본이겠지만, 납품자가 납품서와 함께 제출하는 성적서, 특히, 레미콘인 경우 납품자가 실시하는 수입검사 혹은 공인기관 성적서는 당연히 믿어야 하겠지만 생선가게를 고양이에게 맡기는 것과 같아서 실구조체 품질과 성적서가 같지 않음에 따른 품질 결함 사례도 가끔은 보고되고 있음에 이 부분에도 철저를 기할 필요가 있다.

셋째로 품질보증제도의 강화이다. 품질결함문제는 즉시 발생하는 결함도 있지만 중요한 문제는 내구성 저하이다. 200년 목표수명의 건축물이 20년에서 끝난다면, 10년 보증으로는 해결할 수 없는 문제이다. 따라서 어떠한 방법이든 간에 내구성이 보장될 수 있는 성능적인 측면에서 보증을 강화할 필요가 있다. 성능보증을 확인할 수 있는 방법의 개발이며 제도보완 및 인재의 양성도 빼놓을 수 없는 중요한 사인이다.

10. 체코 프라하를 다녀와서

1. 서 언

2013년 1월 8일과 9일, 1박 2일 일정으로 독일 레겐스부르크에서 체코의 프라하를 다녀왔다. 짧은 기간의 일정이었지만 본 강좌에서는 여행 중 느꼈던 인상적인 것과 건축적인 감상에 대하여 몇 가지 기술해 보도록 한다.

2. 국경없이 달리는 열차

여식이 마침 독일에 거주하여 회갑 기념 겸 겨울방학 휴가로 처와 함께 뮌헨공항을 거쳐 레겐스부르크에 여정을 풀었다. 독일 도착 3일째, 레겐스부르크로부터 체코 프라하까지 기차(Allgauer express)로 4시간 15분이 소요되는 여행계획에 따라 프라하로 향했다.

국경을 넘어야 하기 때문에 여권을 준비하고 긴장하며 기차여행을 하게 되었다. 한 시간쯤 지났을까 기차 역무원의 안내방송이 독일어가 아닌 체코어 방송이 흘러나옴을 언뜻 느낀 바 있다. 그러나 기차여행은 계속되어 이젠 하차할 시간이 다 되었는데, 차표검사는 있었지만 여권을 보여 달라든지 하는 통과절차는 없었다.

특이한 것은 유럽의 경우 국경은 있을지언정 국경을 넘나드는 장애는 없는 자유스러움을 느낄 수 있었다. 우리나라도 하루속히 남북한은 물론이고 중국이며, 동남아, 일본 등지를 자유롭게 넘나들 수 있는 날이 오면 좋겠다는 작은 바램을 가져보았다.

3. 연결된 건축물에 층수셈법의 차이

열차에서 내려 프라하 시내에 딸이 예약한 민박집을 찾아갔다. 도시 전체는 옛날의 모습이 잘 보존된 상태로 멋있는 건축물의 도시경관을 형성하였는데, 건설년대는 짧은 경우는 150년에서 보통 400~500년이고 긴 것은 1000년도 넘는다고 한다.

특이하게 느껴지는 건축물 외관상의 첫인상은 사진 1과 같이 도로를 따라 모든 건축물이 연결되어 건축되어져 있다는 점이다. 우리나라도 2개의 대지주가 협의할 경우 붙여지을 수는 있지만 대부분은 건축법상 대지경계선에서 50 cm를 띄워서 짓기 때문에 우리와는 다른 모습이었다. 언뜻 생각해 보면 같이 붙여지을 경우 낭비공간이며 구조를 효과적으로 활용함으로써 미관, 기능 및 경제적으로 이점은 있을 수 있지만 도시화재 및 지진 등 재해방지적 측면에서는 불리함도 있어 보였다.

사진 1 프라하 시내 건물모습

민박을 하는 건축물에 도착해서도 주인은 엘리베이터를 타고 5층으로 올라오라고 했다. 그러나 실제 올라가는 것을 세어보니 6층이었다. 우리의 층수개념과 유럽의 층수개념은 달랐다. 즉 땅에 접하는 우리나라의 경우 1층은 유럽의 경우 0층이었고, 우리의 2층은 유럽은 1층으로 하여 계산방식이 달랐다. 사람의 나이도 우리나라는 태어나면 한 살이지만 유럽은 0살로 차이나게 계산하는 예도 있다. 수학적 관점에서 보면 지하 1층부터 계산하면 유럽의 경우 −1층, 0층, 1층, 2층, 3층~과 같이 되지만, 우리나라는 −1층, 1층, 2층, 3층~과 같이 되어 0층이 없으므로 우리나라의 경우는 수학적으로 맞지 않는 결과인데, 특히 우리나라 일부 건물에서는 4층(죽을 死의 의미)도 없애고 3층 다음 5층으로 하는 것도 있으니 아이러니하다.

4. 건물에서 느껴지는 진동문제

민박집에 짐을 풀고 시내에 나가 저녁도 먹고, 멋진 야경도 구경한 다음 늦은 시간에 잠자리에 들었다. 물론 시차가 잘 적응이 안 된 것도 있고 잠자리도 불편한 것이 있었지만 새벽녘에 일찌감치 잠에서 깨었는데, 잠을 깨고 난 다음 지진이 온 것 같이 침대가 흔들리는 야릇한 공포 혹은 불쾌감을 느꼈다. 그러나 그 진동, 즉 흔들림의 정체는 지진이 아니라 인근 도로에서 중량물 차량이 통행하면서 전해오는 흔들림이었다.

옛날에 건설된 도시이다보니 먼저 도로는 사진 1 및 2와 같이 100~200 mm 각 정도의 돌로 포장되어 있어 차에 탄 사람의 불쾌감은 물론이고 인근 건물로 진동이 전해지게 되었다. 즉 건축물 구조체는 사진 3 및 4와 같이 붉은벽돌을 이용한 조적벽 혹은 외부는 넓고 긴돌을 회반죽으로 쌓고, 가운데는 잔돌을 회반죽에 함께 넣고 타설된 기경성 콘크리트(구조체에 철근은 삽입되어 있지 않음)로 시공되어 있고, 보 및 바닥은 목조로 구성되어 있었기 때문에 도로에서 발생한 진동이 벽체를 타고 목재 보 및 슬래브로 전달되어 흔들림이 감지된 것이다. 우리나라에서는 철골구조에서라든가, 넓고 얇은 PC판 슬래브에서 일부 진동이 느껴질 수는 있어도 평상시에는 거의 느끼지 못하는 불쾌감이었다.

이와 같은 진동은 건축물의 내구성 수명에도 좋은 영향은 아닐 것이라는 생각이 들었는데, 결국 우리가 가장 많이 활용하는 철근콘크리트구조물은 압축강도가 큰 것, 내화성이 있는 것 등 장점도 있지만, 진동이 발생하지 않는다는 중요한 장점도 있다는 것을 다시 한 번 느낄 수 있었다.

사진 2 프라하 시내의 민박집 및 석재포장 도로

사진 3 석재 및 벽돌을 회반죽 콘크리트로 쌓은 벽체

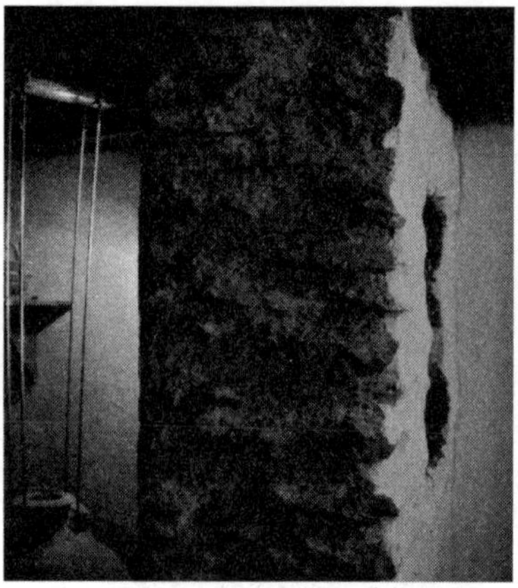

사진 4 석재와 회반죽 콘크리트로 이루어진 벽체 단면

5. 맺는말

짧은 여정이었지만, 우리나라에서는 「프라하의 연인」이라는 드라마를 통해 아름다운 도시로 유명해진 곳이기에 젊은 한국 여행객들을 많이 만날 수 있었는데, 역시 그 아름다움은 역사적으로 잘 보존되고 정돈된 건축물들이 한몫을 차지하고 있었음에 기인한 것이라고 회고해 본다.

부 록

레미콘 · 아스콘 · 골재 게재 목차

- 제 1 회 콘크리트의 강도 증진(1997년 8월)
- 제 2 회 매스콘크리트의 온도균열(1997년 9월)
- 제 3 회 콘크리트 배합의 잔골재율(S/a)(1997년 10월)
- 제 4 회 골재의 입자분포와 콘크리트의 품질(1997년 11월)
- 제 5 회 설계기준강도 · 호칭강도 · 배합강(1997년 12월)
- 제 6 회 구조체 관리용 공시체(1998년 1월)
- 제 7 회 콘크리트의 초기동해(1998년 2월)
- 제 8 회 KS 및 건축 · 토목의 콘크리트(1998년 3월)
- 제 9 회 건축구조물에 있어 철근의 피복두께(1998년 4월)
- 제 10 회 콘크리트의 소성수축 균열(1998년 5월)
- 제 11 회 AE 공기량(1998년 6월)
- 제 12 회 골재의 모양과 콘크리트의 품질(1998년 7월)
- 제 13 회 시멘트 온도와 레미콘의 품질(1998년 8월)
- 제 14 회 여름철 레미콘 생산에 있어 원자재 품질관리(1998년 9월)
- 제 15 회 콘크리트의 건조수축 균열(1998년 10월)
- 제 16 회 팽창콘크리트(1998년 11월)
- 제 17 회 건축구조물의 거푸집 탈형시기 결정(1998년 12월)
- 제 18 회 한중콘크리트 적용기간의 설정(1999년 1월)
- 제 19 회 한중콘크리트에 있어서 계획배합의 결정(1999년 2월)
- 제 20 회 콘크리트의 동해열화 현상(1999년 3월)
- 제 21 회 유동화 콘크리트의 활용(1999년 4월)
- 제 22 회 유동화 콘크리트의 배합설계 요점(1999년 5월)

- 제 23 회 콘크리트용 부순골재의 품질(1999년 6월)
- 제 24 회 서중콘크리트의 적용기간(1999년 7월)
- 제 25 회 서중콘크리트의 제조관리(1999년 8월)
- 제 26 회 서중콘크리트의 운반 및 부어넣기(1999년 9월)
- 제 27 회 서중콘크리트의 표면마무리 및 양생(1999년 10월)
- 제 28 회 환경친화형 콘크리트(Eco-concrete)(1999년 11월)
- 제 29 회 식생콘크리트의 개요 및 물리적 특성(1999년 12월)
- 제 30 회 식생콘크리트의 생육 및 환경조정 특성(2000년 1월)
- 제 31 회 플라이애시의 품질규정 및 굳지않은 콘크리트의 특성(2000년 2월)
- 제 32 회 플라이애시를 사용한 경화콘크리트의 특성(2000년 3월)
- 제 33 회 고로슬래그 미분말의 품질규정 및 굳지않은 콘크리트의 특성(2000년 4월)
- 제 34 회 고로슬래그 미분말을 사용한 경화콘크리트의 특성(2000년 5월)
- 제 35 회 레미콘 산업의 제로에미션(2000년 6월)
- 제 36 회 실리카흄을 사용한 콘크리트의 특성(2000년 7월)
- 제 37 회 시멘트 품질과 고강도 콘크리트의 유동성(2000년 8월)
- 제 38 회 레미콘의 운반시간(2000년 9월)
- 제 39 회 레미콘 압축강도 검사의 로트(Lot)와 시험횟수(2000년 10월)
- 제 40 회 레미콘의 수입검사 순서 및 시료채취(2000년 11월)
- 제 41 회 슬럼프 시험(2000년 12월)
- 제 42 회 공기량 시험(2001년 1월)
- 제 43 회 염화물량 시험(2001년 2월)
- 제 44 회 온도측정 및 단위용적중량 시험(2001년 3월)
- 제 45 회 압축강도 시험용 공시체 제작(2001년 4월)
- 제 46 회 압축강도 시험(2001년 5월)
- 제 47 회 인장, 휨 및 전단 시험(2001년 6월)
- 제 48 회 레미콘 시험검사의 시기와 횟수(2001년 7월)
- 제 49 회 압축강도 불합격 레미콘의 조치(2001년 8월)

- 제 50 회 콘크리트 마무리 상태의 검사 및 보수(2001년 9월)
- 제 51 회 고내구성 콘크리트의 적용 대상 및 품질(2001년 10월)
- 제 52 회 고내구성 콘크리트의 시공 및 피복두께(2001년 11월)
- 제 53 회 고강도 콘크리트의 개요(2001년 12월)
- 제 54 회 고강도 콘크리트용 재료(2002년 1월)
- 제 55 회 고강도 콘크리트의 배합설계(2002년 2월)
- 제 56 회 고강도 콘크리트의 시공품질관리(2002년 3월)
- 제 57 회 고강도 콘크리트의 역학적 성질 및 내구성(2002년 4월)
- 제 58 회 고성능 콘크리트의 폭열방지(2002년 5월)
- 제 59 회 고성능 콘크리트의 자기수축(2002년 6월)
- 제 60 회 회수수의 정의 및 굳지않은 콘크리트에 미치는 영향(2002년 7월)
- 제 61 회 회수수가 경화콘크리트의 품질에 미치는 영향 및 사용기준 (2002년 8월)
- 제 62 회 레미콘 회수수 관련 설비관리(2002년 9월)
- 제 63 회 슬러지의 효율적인 활용(2002년 10월)
- 제 64 회 레미콘 공장의 선정(2002년 11월)
- 제 65 회 콘크리트의 블리딩 발생 및 평가(2002년 12월)
- 제 66 회 콘크리트의 블리딩에 미치는 영향 요인(2003년 1월)
- 제 67 회 블리딩에 따른 콘크리트의 품질변화(2003년 2월)
- 제 68 회 콘크리트의 블리딩 저감대책(2003년 3월)
- 제 69 회 콘크리트 배합의 단위수량(2003년 4월)
- 제 70 회 단위수량이 콘크리트 품질에 미치는 영향(2003년 5월)
- 제 71 회 단위수량 시험법(2003년 6월)
- 제 72 회 레미콘의 가수 행태(2003년 7월)
- 제 73 회 레미콘의 가수방지 대책(2003년 8월)
- 제 74 회 콘크리트 구조물에서 코어채취 방법 및 강도시험(2003년 9월)
- 제 75 회 코어채취가 강도에 미치는 영향(2003년 10월)
- 제 76 회 코어 압축강도에 미치는 재료 및 시험방법의 영향(2003년 11월)

- 제 77 회　코어 압축강도 시험결과의 평가(2003년 12월)
- 제 78 회　콘크리트용 내한제의 종류 및 특징(2004년 1월)
- 제 79 회　내한성 혼화제를 이용한 굳지않은 콘크리트의 특성(2004년 2월)
- 제 80 회　내한성 혼화제를 이용한 경화콘크리트의 특성(2004년 3월)
- 제 81 회　KS 규격에 있어서 레미콘 품질의 종류(2004년 4월)
- 제 82 회　레미콘 생산에서 생산자와 구입자간의 협의사항(2004년 5월)
- 제 83 회　레미콘 생산자가 구입자에게 제출(제시) 및 승인 받는 사항 (2004년 6월)
- 제 84 회　제품검사, 수입검사, 구조체 검사(2004년 7월)
- 제 85 회　국내 부순모래의 현황과 사용실태(2004년 8월)
- 제 86 회　국내 생산 부순모래의 품질 특성(2004년 9월)
- 제 87 회　부순모래의 품질향상 방안(2004년 10월)
- 제 88 회　우리나라 시멘트의 발전방향(2004년 11월)
- 제 89 회　일본 강점기의 콘크리트(2004년 12월)
- 제 90 회　장시간 운반 콘크리트의 품질변화(2005년 1월)
- 제 91 회　장시간 운반 콘크리트의 품질 회복제 개발(2005년 2월)
- 제 92 회　콘크리트 시공에서 서둘러야 하는 것(2005년 3월)
- 제 93 회　콘크리트 시공에서 서두르면 안 되는 것(2005년 4월)
- 제 94 회　바닥 마루판의 솟아오름(팽창박리)(2005년 5월)
- 제 95 회　콘크리트와 사이다 · 콜라(2005년 6월)
- 제 96 회　콘크리트 표면박리(2005년 7월)
- 제 97 회　콘크리트의 비파괴시험 개요(2005년 8월)
- 제 98 회　슈미트 햄머법 비파괴시험 개요 및 방법(2005년 9월)
- 제 99 회　슈미트 햄머법 비파괴시험 영향인자(2005년 10월)
- 제 100 회　초음파 속도법 및 복합법(2005년 11월)
- 제 101 회　콘크리트 균열에 대한 사고(思考)(2005년12월)
- 제 102 회　콘크리트의 허용 균열폭(2006년 1월)
- 제 103 회　콘크리트의 균열방지(2006년 2월)

- 제 104 회　건설물의 온도변화에 따른 팽창수축(2006년 3월)
- 제 105 회　콘크리트의 조성과 보수보강에서 선팽창계수(2006년 4월)
- 제 106 회　주택성능 등급제와 관련한 콘크리트의 성능등급(2006년 5월)
- 제 107 회　주택성능 등급제에 따른 콘크리트산업의 대처방안(2006년 6월)
- 제 108 회　중국 시멘트의 현황과 국가 규격(2006년 7월)
- 제 109 회　중국 시멘트의 품질 규격(2006년 8월)
- 제 110 회　콘크리트용 용수의 염화물 등 수질 규정(2006년 9월)
- 제 111 회　석회석 미분말을 사용한 콘크리트의 특성(2006년 10월)
- 제 112 회　시멘트의 발달사(2006년 11월)
- 제 113 회　우리나라 시멘트의 역사(2006년 12월)
- 제 114 회　콘크리트의 역사(2007년 1월)
- 제 115 회　소규모 포장콘크리트의 결함방지(2007년 2월)
- 제 116 회　콘크리트의 백화(白華 ; Effiorescence)방지(2007년 3월)
- 제 117 회　콘크리트의「암」알칼리골재반응(2007년 4월)
- 제 118 회　수요자의 요구에 부응하는 맞춤형 시멘트의 개발 및 활용(2007년 5월)
- 제 119 회　섬유보강 콘크리트의 개요 및 무기계 섬유보강 콘크리트(2007년 6월)
- 제 120 회　유기계 섬유보강 콘크리트(2007년 7월)
- 제 121 회　SIFCON의 특성 및 방폭 콘크리트의 개발(2007년 8월)
- 제 122 회　초고성능 콘크리트와 관련한 용어(2007년 9월)
- 제 123 회　고인성 고성능 콘크리트의 특성(2007년 10월)
- 제 124 회　고인성 고성능 콘크리트의 수축저감 및 내화특성(2007년 11월)
- 제 125 회　공장바닥 마감 콘크리트의 표면층의 균열 및 층분리(2007년 12월)
- 제 126 회　기둥에 발생한 인장균열(2008년 1월)
- 제 127 회　유해한 작용에 대한 보호(2008년 2월)
- 제 128 회　진동으로부터 콘크리트의 보호(2008년 3월)

- 제 129 회 우량레미콘제도(2008년 4월)
- 제 130 회 선무당이 레미콘 잡는다 1(2008년 5월)
- 제 131 회 선무당이 레미콘 잡는다 2(2008년 6월)
- 제 132 회 선무당이 레미콘 잡는다 3(2008년 7월)
- 제 133 회 SI단위의 이해(2008년 8월)
- 제 134 회 SI단위의 사용규칙(2008년 9월)
- 제 135 회 고강도 콘크리트의 내화성능 관리(2008년 10월)
- 제 136 회 응결시간의 의미(2008년 11월)
- 제 137 회 시멘트의 제조(2008년 12월)
- 제 138 회 시멘트의 소성공정(2009년 1월)
- 제 139 회 시멘트의 마무리(분쇄)공정(2009년 2월)
- 제 140 회 시멘트의 수화반응(2009년 3월)
- 제 141 회 표준편차(Standard deviation)(2009년 4월)
- 제 142 회 품질 불감증 문제(2009년 5월)
- 제 143 회 정규분포(Normal distribution)(2009년 6월)
- 제 144 회 경량 콘크리트의 개요 및 무 잔골재 콘크리트(2009년 7월)
- 제 145 회 경량골재의 개요(2009년 8월)
- 제 146 회 경량골재의 품질규격(2009년 9월)
- 제 147 회 경량골재 콘크리트의 제조 및 시공(2009년 10월)
- 제 148 회 경량골재 콘크리트의 특성(2009년 11월)
- 제 149 회 경량기포 콘크리트의 개요 및 제조(2009년 12월)
- 제 150 회 경량기포 콘크리트의 품질규격 및 특성(2010년 1월)
- 제 151 회 품질시험의 기본단위 「로트(lot)」(2010년 2월)
- 제 152 회 4대강 준설토사의 콘크리트용 골재화 대책(2010년 3월)
- 제 153 회 에지테이터 트럭 드럼의 커버문제(2010년 4월)
- 제 154 회 겨울철 기상이변과 콘크리트의 대응(Ⅰ)(2010년 5월)
- 제 155 회 겨울철 기상이변과 콘크리트의 대응(Ⅱ)(2010년 6월)
- 제 156 회 슬래브의 및 보의 하부 거푸집 해체(Ⅰ)(2010년 7월)

- 제 157 회 슬래브의 및 보의 하부 거푸집 해체(II)(2010년 8월)
- 제 158 회 콘크리트의 표면품질에 미치는 배합요인(2010년 9월)
- 제 159 회 콘크리트의 표면품질에 미치는 알루미늄 거푸집 표면코팅재의 영향(I)(2010년 10월)
- 제 160 회 콘크리트의 표면품질에 미치는 알루미늄 거품집 표면코팅재의 영향(II)(2010년 11월)
- 제 161 회 콘크리트에 골재를 사용하는 이유(2010년 12월)
- 제 162 회 골재의 분류 중 잔골재와 굵은골재(2011년 1월)
- 제 163 회 산지 및 생산방식에 따른 골재의 종류 및 특성(2011년 2월)
- 제 164 회 콘크리트용 골재에 요구되는 품질(2011년 3월)
- 제 165 회 콘크리트용 골재의 표준입도(2011년 4월)
- 제 166 회 순환골재는 귀중한 자원(2011년 5월)
- 제 167 회 콘크리트의 중성화의 개요(2011년 6월)
- 제 168 회 중성화에 영향을 미치는 요인(2011년 7월)
- 제 169 회 중성화년수 산출 및 중성화 억제 대책(2011년 8월)
- 제 170 회 콘크리트의 염해(2011년 9월)
- 제 171 회 콘크리트의 화학적 부식(I)(2011년 10월)
- 제 172 회 콘크리트의 화학적 부식(II)(2011년 11월)
- 제 173 회 블록 및 벽돌의 품질규정 문제(I)(2011년 12월)
- 제 174 회 블록 및 벽돌의 품질규정 문제(II)(2012년 1월)
- 제 175 회 건설공사의 낙찰제와 품질문제(2012년 2월)
- 제 176 회 호칭강도 규격보다 현저히 큰 압축강도(2012년 3월)
- 제 177 회 우리나라 레미콘의 배합설계 개선방향(I)(2012년 4월)
- 제 178 회 우리나라 레미콘의 배합설계 개선방향(II)(2012년 5월)
- 제 179 회 고강도 콘크리트의 운반시간 한도(2012년 6월)
- 제 180 회 장시간 운반에 따른 레미콘의 품질변화(2012년 7월)
- 제 181 회 콘크리트의 층이음 균열(2012년 8월)
- 제 182 회 온도차와 콘크리트의 균열(2012년 9월)

- 제 183 회　콘크리트 코어 압축강도의 유권해석(2012년 10월)
- 제 184 회　콘크리트의 크리프(Creep) 파괴(2012년 11월)
- 제 185 회　콘크리트의 탄성수축차에 의한 균열(2012년 12월)
- 제 186 회　균열에 있어 시공시기의 영향(2013년 1월)
- 제 187 회　차폐 콘크리트(중량 콘크리트)(2013년 2월)
- 제 188 회　체코 프라하를 다녀와서(2013년 3월)
- 제 189 회　이 일을 어찌할고?(표면층 박리 동해)(2013년 4월)
- 제 190 회　모두에게 이익이 되는 셈 법(I)(2013년 5월)
- 제 191 회　모두에게 이익이 되는 셈 법(II)(2013년 6월)
- 제 192 회　콘크리트-폴리머 복합체의 개요 및 폴리머 시멘트 콘크리트 (2013년 7월)
- 제 193 회　폴리머 콘크리트(2013년 7월)
- 제 194 회　폴리머 함침 콘크리트(2013년 8월)
- 제 195 회　120년 경과된 콘크리트와의 만남(2013년 9월)
- 제 196 회　이색(異色)골재와 콘크리트의 품질(2013년 10월)
- 제 197 회　카본블랙을 이용한 콘크리트(I)(2013년 11월)
- 제 198 회　카본블랙을 이용한 콘크리트(II)(2013년 12월)
- 제 199 회　카본블랙을 이용한 콘크리트(III)(2014년 1월)
- 제 200 회　착색제를 이용한 컬러 콘크리트(2014년 2월)

참고문헌

〈기본문헌〉

1. 한천구 ; 기술강좌 1회~200회, 레미콘 · 아스콘 · 골재, (주) 건설미디어, 1997.8~2014.2
2. 대한건축학회 ; 건축공사 표준시방서, 기문당, 1966, 1978, 1986, 1994, 1999, 2006, 2013년판
3. 한국콘크리트학회 ; 콘크리트 표준시방서, 기문당, 1999, 2003, 2009년판
4. 대한토목학회 ; 콘크리트 표준시방서, 1961, 1969, 1978, 1988, 1996년판
5. ACI ; ACI Manual of Concrete Practice Part 1~5, 1990
6. 한국표준협회 ; KS F 4009 외 KS 규격집, 1961~현재
7. ASTM ; ASTM Standards in Building Codes, Vol. 1~4, 1997

〈I 원재료〉

8. 한국콘크리트학회 ; 최신 콘크리트공학, 기문당, 2005
9. 김무한, 신현식, 김문한 ; 건축재료학, 문운당, 2013
10. 김수마 ; 건설재료공학-1, 기술공단, 1985
11. 대한건축학회 ; 건축재료, 기문당, 2013
12. 한천구 ; 콘크리트의 특성과 배합설계, 기문당, 2011
13. 한천구 ; 대한건축학회지 뉴스리뷰, Vol.31, No.4, 1987
14. 류현기, 김대석, 한진석, 양부홍 ; 잔골재의 입도분포가 시멘트 몰탈의 특성에 미치는 영향, 대한건축학회 학술발표논문집, Vol.6, No.2, 1986
15. 류현기 ; 잔골재의 조립률 변화에 따른 몰탈의 역학적 특성, 청주대학교 대학원 석사학위논문, 1984
16. 청주대학교 ; 삼성서울병원 양성자센타 신축공사현장 콘크리트 품질관리에 관한 연구, 연구위탁보고서, 2013.7

〈II 보통 콘크리트〉

17. 서휘완 ; 우리나라 레미콘의 배합특성에 관한 조사연구, 청주대학교 대학원 석사학위논문, 2011.12
18. 大久保孝昭, 诸原崇, 松本慎也 ; 下地コンクリートに拘東される左官モルタルのひび割れにおよぼす施工時期の影響, 日本建築学会構造系論文集, Vol.77, No.673, 2012.3
19. 장기인 ; 건축구조학, 보성각, 1983
20. 전충근 ; 제치장 콘크리트의 표면질감 향상에 관한 연구, 청주대학교 대학원 박사학위논문, 2002.6
21. Noh Sang-Kyun, Lee Seung-Hoon, Han Cheon-Goo ; Cause of Surface Voids in Concrete Attached to an Aluminum Form and Measures for Prevention, Jour. of KIC, Vol.13, No.5, 2013.10
22. Noh Sang-Kyun, Lee Seung-Hoon, Han Cheon-Goo ; Surface Finishability of Concrete According to Degree of Damage and the Number of Uses of the Aluminum Form, Jour. of KIC, Vol.13, No.6, 2013.12
23. 박재순 ; 알루미늄 거푸집사용 콘크리트의 표면마감성 향상에 관한 연구, 청주대학교 대학원 박사학위논문, 2010.6
24. 한천구 ; 건설물의 장수명화(콘크리트의 중성화 억제대책), 아세아 시멘트 전사 기술세미나, 2011.11
25. 岡田清 ; コンクリートの耐久性, 朝倉書店, 1986

〈III 특수 콘크리트〉

26. 한천구 ; 차폐콘크리트, (주) 삼표 기술강좌, 2012.11
27. 김을용 ; 중량콘크리트의 물성 및 품질관리에 관한 연구, 청주대학교 대학원 박사학위논문, 1991.12
28. 백용관 ; 자철광 골재를 이용하는 중량콘크리트의 방사선 차폐성상에 관한 연구, 청주대학교 대학원 석사학위논문, 1990.12
29. 한천구 ; 폴리머 콘크리트, (주) 삼표 기술강좌, 2013.1

30. 이승훈, 김규동, 정삼룡, 손명식 ; 한남동 아동교육문화센타 블랙 컬러콘크리트의 배합설계 및 시공기술, 한국콘크리트학회지, Vol.16, No.3, 2004.5
31. 유승엽 ; CASB 화합 고성능감수제의 개발 및 초고강도 콘크리트의 성능향상, 청주대학교 대학원 박사학위논문, 2011.6
32. 홍성민 ; CASB-SP를 사용한 블랙콘크리트의 개발 및 실용화, 청주대학교 대학원 박사학위논문, 2013.12
33. 한천구, 한민철 외 10명 ; 석재대체용 외장 PC기술개발, 삼성물산 연구위탁보고서, 2013.11
34. 박준희, 강병희, 이명호, 정은봉, 한민철, 한천구 ; 컬러안료를 혼합한 혼합색 컬러모르타르의 공학적 특성, 대한건축학회 추계학술발표대회, Vol.33, No.2, 2013.10

〈IV 레미콘 품질관리〉

35. 손석헌 ; 순환잔골재와 광물질 혼화재의 반응성을 활용한 무시멘트 모르타르의 개발, 청주대학교 대학원 박사학위논문, 2011.12
36. 김대건 ; 고로슬래그 미분말과 순환잔골재 및 기능성 미분말을 사용한 무시멘트 벽돌 개발, 청주대학교 대학원 박사학위논문, 2012.12
37. 한천구 ; 최저가 낙찰제와 건설공사의 품질문제, 한국건축시공학회지 권두언, Vol.11, No.6, 2011.2

저자 / 한천구

- 청주대학교 이공대학 건축공학부, 공학사
- 단국대학교 대학원 석사과정, 공학석사
- 충남대학교 대학원 박사과정, 공학박사
- 일본 북해도 대학 Post Doctoral Fellowship 연수
- 건축기술사(건축시공, 건축품질시험)
- 충북도, 청주시 및 기타 시군 건축심의 위원
- 건설미디어사 「레미콘·아스콘·골재」 편집자문위원
- 건축기술사 시험 출제·채점·면접위원
- 아세아 시멘트 공업(주) 기술지도위원
- 대한건축학회 건축재료위원회 위원장
- 한국콘크리트학회 감사
- 한국건축시공학회, 한국순환자원학회 부회장
- 현재, 청주대학교 이공대학 건축공학부 명예석좌교수

레미콘·건축·토목공사의 품질관리를 위한

레미콘 품질관리(Ⅳ)

2014년 8월 25일 1판 1쇄 발행
2021년 7월 15일 1판 3쇄 발행

저 자	한 천 구
발 행 인	강 해 작
발 행 처	기 문 당
주 소	서울시 성동구 무학봉 28길 4-1
전 화	02)2295-6171(代)~5
팩 스	02)2296-8188
출판등록	1976. 10. 7(1-44)
홈페이지	http://www.kimoondang.com
I S B N	978-89-6225-607-9 93540